建筑
工程施工
组织与安全管理

侯国营　刘学宾　王建香　徐广西　张秀兰／主编

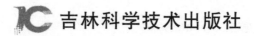

吉林科学技术出版社

图书在版编目（CIP）数据

建筑工程施工组织与安全管理 / 侯国营等主编. --

长春：吉林科学技术出版社，2022.9

ISBN 978-7-5578-9659-1

Ⅰ.①建... Ⅱ.①侯... Ⅲ.①建筑工程－施工组织②

建筑工程－工程施工－安全管理 Ⅳ.①TU7

中国版本图书馆 CIP 数据核字(2022)第 181138 号

建筑工程施工组织与安全管理

主　　编	侯国营等
出 版 人	宛　霞
责任编辑	马　爽
封面设计	文　玲
制　　版	刘慧敏
幅面尺寸	185mm×260mm
字　　数	163千字
印　　张	22.5
印　　数	1－1500册
版　　次	2022年9月第1版
印　　次	2023年4月第1次印刷

出　　版	吉林科学技术出版社
发　　行	吉林科学技术出版社
地　　址	长春市福祉大路5788号
邮　　编	130118
发行部电话/传真	0431-81629529 81629530 81629531
	81629532 81629533 81629534
储运部电话	0431-86059116
编辑部电话	0431-81629518
印　　刷	三河市嵩川印刷有限公司

书　　号	ISBN 978-7-5578-9659-1
定　　价	135.00 元

编委会

前　言

　　安全是人类最重要和最基本的需求。安全生产既是人们生命健康的保证，也是企业生存与发展的基础，更是社会稳定和经济发展的前提条件，随着社会的发展和新材料、新技术、新工艺、新设备的大量使用，安全生产工作遇到前所未有的问题和挑战：搞好安全工作，应该把安全生产工作放在各项工作的首位，确保每个员工的健康与安全。

　　建筑行业仅次于交通行业、采矿业成为第三大危险性行业，建筑施工安全生产管理的任务十分繁重。但是，目前还有相当一部分施工现场的安全隐患屡见不鲜，讲安全只停留在口头上，"说起来重要，干起来次要，关键时刻找不到"，安全投入严重不足，导致安全事故层出不穷，不仅带来惨痛的人员伤亡和财产损失，还给社会带来不稳定的因素。

　　要实现建筑行业的安全生产，首先，要使广大行业员工懂得安全生产的重要性和必要性，要认真学习和执行国家颁布实施的系列安全生产的法律法规，依法治安、依法管安；其次，要求全体员工熟练掌握安全生产技术，不断提高安全管理的水平，用科学的方法解决建设工程中的安全问题。

　　本书以建筑工程为主线，对建筑工程的施工组织基础理论进行了全面论述，阐述了施工准备工作的关键要素，系统地论述了单位工程施工组织设计的主要内容，多维度地分析了施工组织设计的实施措施与途径，对施工现场的管理进行了深入探讨与分析，进一步对建筑施工进度的计划控制进行了全面论述。基于此，对建筑施工的安全管理展开了详细讨论，包括建筑施工安全生产管理、施工过程安全控制技术、安全文明施工以及常见施工安全施工方防治等内容。

本书结合职业教育的特点，突出了教材的实践性和综合性。在教材编写过程中，注重理论联系实际，利用实践突出针对实际问题的分析解决，具有系统完整、内容适用、可操作性强的特点，便于案例教学、实践教学，有利于对学生动手能力的培养。

目 录

第一章 建筑工程施工组织概论 ……………………………… 1

第一节 建设项目组成及建设程序 …………………… 1

第二节 建筑施工组织的概念与组成 ………………… 9

第三节 施工组织设计的作用与分类 ………………… 11

第四节 建筑施工组织设计的管理 …………………… 15

第二章 施工准备工作 ………………………………………… 18

第一节 施工准备工作概述 …………………………… 18

第二节 原始资料的收集与整理 ……………………… 26

第三节 技术资料准备 ………………………………… 31

第四节 施工现场准备 ………………………………… 34

第五节 季节性施工准备 ……………………………… 39

第六节 其他施工准备 ………………………………… 43

第三章 单位工程施工组织设计 …………………………… 52

第一节 工程概况 ……………………………………… 52

第二节 施工方案和施工方法 ………………………… 54

第三节 单位工程施工进度计划编制 ………………… 67

第四节 资源需要量计划 ……………………………… 77

第五节 单位工程施工平面图设计 …………………… 79

第四章　建设工程组织协调·······················86

　　第一节　组织的基本原理 (组织论)···············86

　　第二节　建设工程监理委托模式与实施程序　········91

　　第三节　项目监理组织机构形式及人员配备　········97

　　第四节　项目监理组织协调　···················107

第五章　施工现场管理··························121

　　第一节　施工现场项目经理部的建立　············121

　　第二节　施工现场技术管理　··················127

　　第三节　施工现场机械设备、料具管理　··········136

　　第四节　施工现场安全生产管理　···············142

　　第五节　现场文明施工与环境管理　············147

　　第六节　施工现场主要内业资料管理　············155

第六章　施工进度计划控制与管理··················162

　　第一节　施工进度计划控制概述　··············162

　　第二节　施工进度计划的控制措施　············167

　　第三节　施工进度计划的检查与调整　············171

　　第四节　施工进度计划的优化与管理　············182

　　第五节　工期索赔　·························185

第七章　建设工程安全生产管理··················189

　　第一节　建设工程安全生产法律体系　············189

　　第二节　建设工程安全生产管理体系　············194

　　第三节　建筑安全管理原理和方法　············202

第四节 施工企业安全管理 …………………… 209

第八章 施工过程安全技术与控制…………………… 219
第一节 土石方工程安全技术 …………………… 219
第二节 基础工程安全技术 …………………… 227
第三节 主体工程安全技术 …………………… 242
第四节 脚手架搭设安全技术 …………………… 254
第五节 高处作业、临边作业及洞口作业安全技术
……………………………………………… 267

第九章 安全文明施工………………………………… 269
第一节 安全文明施工总体要求 ………………… 269
第二节 施工现场场容管理 ……………………… 270
第三节 施工现场环境卫生与文明施工 ………… 280
第四节 施工现场消防安全管理 ………………… 285

第十章 建筑施工安全检查与安全评价……………… 298
第一节 建筑施工安全检查 ……………………… 298
第二节 施工现场安全资料管理 ………………… 306
第三节 建筑施工安全生产评价 ………………… 311

第十一章 常见生产安全事故………………………… 315
第一节 电气安全事故防治 ……………………… 315
第二节 机械伤害事故防治 ……………………… 323
第三节 火灾爆炸事故防治 ……………………… 328
第四节 粉尘爆炸事故防治 ……………………… 332

第五节　有限空间事故防治 …………………… 335

结束语………………………………………… 343
参考文献………………………………………… 345

第一章　建筑工程施工组织概论

第一节　建设项目组成及建设程序

一、建设项目及其组成

(一) 项目

项目是指在限定时间、限定费用及限定质量标准等约束条件下，具有特定的明确目标和完整的组织结构的一次性任务或管理对象。一项任务只有同时具有项目的一次性 (单件性)、目标的明确性和项目的整体性这三个特征，才能称为项目。

工程项目是项目中数量最大的一类，按照专业可将其分为建筑工程、公路工程、水电工程、港口工程、铁路工程等项目。

(二) 建设项目

建设项目是固定资产投资项目，是作为建设单位被管理对象的一次性建设任务，也是投资经济科学的一个基本范畴。固定资产投资项目又包括新建、扩建等扩大生产能力的基本建设项目和以改进技术、增加产品品种、提高产品质量、治理"三废"、劳动安全、节约资源等为主要目的的技术改造项目。

建设项目在一定的约束条件下，以形成固定资产为特定目标。约束条件包括时间约束，即有建设工期目标；资源约束，即有投资总量目标；质量约束，即有预期的生产能力（如公路的通行能力）、技术水平（如使用功能的强度、平整度、抗滑能力等）或使用效益目标。

（三）施工项目

施工项目是施工企业自施工投标开始到保修期满为止的过程中完成的项目，是作为施工企业的被管理对象的一次性施工任务。

施工项目的管理主体是施工承包企业。施工项目的范围是由工程承包合同界定的，可能是建设项目的全部施工任务，也可能是建设项目中的一个单项工程或单位工程的施工任务。

（四）建设项目的组成

按照对建设项目分解管理的需要，可将建设项目分解为单项工程、单位工程、分部工程、分项工程和检验批。

1.单项工程

一个单项工程（也称工程项目）具备独立的设计文件，可以独立施工，竣工后可以独立发挥生产能力或效益。一个建设项目可由一个或几个单项工程组成。单项工程体现了建设项目的主要内容，其施工条件往往具有相对的独立性，如工业建设项目中各个独立的生产车间、办公楼，民用建设项目中学校的教学楼、食堂、图书馆等。

2.单位工程

具备独立施工条件（具有单独设计，可以独立施工），并能形成独立使用功能的建筑物及构筑物为一个单位工程。单位工程是单项工程的组成部分，一个单项工程一般都由若干个单位工程组成。

一般情况下，单位工程是一个单体的建筑物或构筑物。建筑规模较大的单位工程，可将其能形成独立使用功能的部分作为一个子单位工程。

3. 分部工程

组成单位工程的若干个分部称为分部工程。分部工程的划分应按专业性质、工程部位确定。如一幢房屋的建筑工程，可以划分为土建工程分部和安装工程分部，而土建工程分部又可划分为地基与基础、主体结构、建筑装饰装修和建筑屋面等子分部工程。

4. 分项工程

组成分部工程的若干个施工过程称为分项工程。分项工程应按主要工种、材料、施工工艺、设备类别等进行划分。如主体混凝土结构可以划分为模板、钢筋、混凝土、预应力、现浇结构、装配式结构等分项工程。

5. 检验批

按照《建筑工程施工质量验收统一标准》(GB 50300—2013)的规定，建筑工程质量验收时，可将分项工程进一步划分为检验批。检验批是指按相同的生产条件或按规定的方式汇总起来供检验用的、由一定数量样本组成的检验体。一个分项工程可由一个或若干个检验批组成，检验批可根据施工及质量控制和专业验收需要按楼层、施工段、变形缝等进行划分。

二、基本建设程序

基本建设程序是指拟建建设项目在建设过程中各个工作

必须遵循的先后次序，是指建设项目从决策、设计、施工、竣工验收到投产交付使用的全过程中，各个阶段、各个步骤、各个环节的先后顺序，是拟建建设项目在整个建设过程中必须遵循的客观规律。基本建设程序的主体单位是建设单位（业主方）。

1. 决策阶段

这个阶段包括编制项目建议书和编制可行性研究报告两个步骤，以编制可行性研究报告为工作中心。这个阶段工作量最小，但是对建设项目影响最大。管理的主要任务是确定项目的定义，包括项目实施的组织，确定和落实建设地点，确定建设任务和建设原则，确定和落实项目建设的资金，确定建设项目的投资、进度和质量目标等。

2. 实施阶段

这个阶段包括设计前的准备阶段、设计阶段、施工阶段、动用前准备阶段和保修阶段，其中招标工作按照施工方承包方式的不同，可能分散在设计前的准备阶段、设计阶段和施工阶段中进行。管理的主要任务是通过管理使项目的目标得以实现。

3. 使用阶段

这个阶段是指工程项目开始发挥生产功能或者使用功能直到工程项目终止的阶段。

三、施工项目管理程序

施工项目管理是企业运用系统的观点、理论和科学的方法对施工项目进行计划、组织、监督、控制、协调等全过程的管理。施工项目管理应体现管理的规律，企业应利用制度保证项目管理按规定程序运行，以提高建设工程施工项目的管理水平，促进施工项目管理的科学化、规范化和法制化，使其适应市场经济发展的需要，与国际惯例接轨。施工项目管理程序是拟建工程项目在整个施工阶段中必须遵循的客观规律，是长期施工实践经验的总结，反映了整个施工阶段必须遵循的先后次序。施工项目管理程序由下列各环节组成。[①]

（1）编制项目管理规划大纲。项目管理规划分为项目管理规划大纲和项目管理实施规划。项目管理规划大纲，是由企业管理层在投标之前编制的作为投标依据、满足招标文件要求及签订合同要求的文件。当承包人以编制施工组织设计代替项目管理规划时，施工组织设计应满足项目管理规划的要求。

项目管理规划大纲的内容包括：项目概况、项目实施条件、项目投标活动及签订施工合同的策略、项目管理目标、项目组织结构、质量目标和施工方案、工期目标和施工总进度计划、成本目标、项目风险预测和安全目标、项目现场管理和施工平面图、投标和签订施工合同、文明施工及环境保护等。

（2）编制投标书并进行投标，签订施工合同。施工单位承接任务的方式一般有三种：国家或上级主管部门直接下达；受建设单位委托而承接；通过投标而中标承接。招投标方式是最具有竞争机制、较为公平合理的承接施工任务的方式，

---

①李学泉.建筑工程施工组织[M].北京：北京理工大学出版社，2017：125.

在我国已得到广泛普及。

施工单位要从多方面掌握大量信息，编制既能使企业盈利又有竞争力、有望中标的投标书。如果中标，则要与招标方进行谈判，依法签订施工合同。签订施工合同之前要认真检查签订施工合同的必要条件是否已经具备，如工程项目是否有正式的批文、是否落实投资等。

（3）选定项目经理，组建项目经理部，签订"项目管理目标责任书"。签订施工合同后，施工单位应选定项目经理，项目经理接受企业法定代表人的委托组建项目经理部、配备管理人员。企业法定代表人根据施工合同和经营管理目标要求与项目经理签订"项目管理目标责任书"，明确规定项目经理部应达到的成本、质量、进度和安全等控制目标。

项目经理应承担施工安全和质量的责任，要加强对建筑企业项目经理市场行为的监督管理，对发生重大工程质量安全事故或市场违法违规行为的项目经理，必须依法予以严肃处理。

工程项目施工应建立以项目经理为首的生产经营管理系统，实行项目经理负责制。项目经理在工程项目施工中处于中心地位，对工程项目施工负有全面管理的责任。

在国际上，由于项目经理是施工企业内的一个工作岗位，项目经理的责任由企业领导根据企业管理的体制和机制，以及项目的具体情况而定。企业针对每个项目有十分明确的管理职能分工表，在该表中明确项目经理对哪些任务有策划、决策、执行、检查等职能，其承担的则是相应的策划、决策、执行、检查等的责任。

项目经理由于主观原因或工作失误，有可能承担法律责任和经济责任。政府主管部门将追究的主要是其法律责任，企业将追究的主要是其经济责任，但如果因项目经理的违法行为而导致企业损失，企业也有可能追究其法律责任。

（4）项目经理部编制项目管理实施规划，进行项目开工前的准备。项目管理实施规划（或施工组织设计）是在工程开工之前由项目经理主持编制的，用于指导施工项目实施阶段管理活动的文件。编制项目管理实施规划的依据是项目管理规划大纲、项目管理目标责任书和施工合同。项目管理实施规划的内容，应包括工程概况、施工部署、施工方案、施工进度计划、资源供应计划、施工准备工作计划、施工平面图、技术组织措施计划、项目风险管理、信息管理和技术经济指标分析等。

项目管理实施规划应经会审后，由项目经理签字并报企业主管领导人审批。根据项目管理实施规划，对首批施工的各单位工程应抓紧落实各项施工准备工作，使现场具备开工条件，有利于进行文明施工。具备开工条件后，应提交开工申请报告，经审查批准后，即可正式开工。

（5）施工期间按项目管理实施规划进行管理。施工过程是指自开工至竣工的实施过程，是施工程序中的主要阶段，在这一过程中，项目经理部应从整个施工现场的全局出发，按照项目管理实施规划（或施工组织设计）进行管理，精心组织施工，加强各单位、各部门的配合与协作，协调解决各方面问题，使施工活动顺利开展，保证质量目标、进度目标、安全目标、成本目标的实现。

（6）验收、交工与竣工结算。项目竣工验收，是在承包人按施工合同完成了项目全部任务，经检验合格后，由发包人组织验收的过程。项目经理应全面负责工程交付竣工验收前的各项准备工作，建立竣工收尾小组，编制项目竣工收尾计划并限期完成。在完成施工项目竣工收尾计划后，应向企业报告，提交有关部门进行验收。承包人在企业内部验收合格并整理好各项交工验收的技术经济资料后，向发包人发出预约竣工验收的通知书，由发包人组织设计、施工、监理等单位进行项目竣工验收。

通过竣工验收程序，办完竣工结算后，承包人应在规定期限内向发包人办理工程移交手续。

（7）项目考核评价。施工项目完成以后，项目经理部应对其进行经济分析，做出项目管理总结报告并送企业管理层有关职能部门。

企业管理层组织项目考核评价委员会，对项目管理工作进行考核评价。项目考核评价的目的是规范项目管理行为、鉴定项目管理水平、确认项目管理成果，对项目管理进行全面考核和评价。项目终结性考核的内容，应包括确认阶段性考核的结果，确认项目管理的最终结果，以及确认该项目经理部是否具备"解体"的条件。

（8）项目回访保修。承包人在施工项目竣工验收后，对工程使用状况和质量问题向用户访问了解，并按照施工合同的约定和"工程质量保修书"的承诺，在保修期内对发生的质量问题进行修理并承担相应的经济责任。

第二节　建筑施工组织的概念与组成

一、施工组织设计的概念

施工组织设计是规划和指导拟建工程从工程投标、签订承包合同、施工准备到竣工验收全过程的一个综合性的技术经济文件，是针对拟建工程在开工前根据自身的特点，结合工程所在地的自然、社会、人文等资源现状，对拟建工程所需的施工劳动力、施工材料、施工机具、施工所需时间和空间、技术和组织等方面所做的全面合理的安排，是沟通工程设计和施工之间的桥梁。

由于建筑施工的特点，要求每个工程在开工之前，根据工程的特点和要求，结合工程施工的条件和程序，编制出拟建工程的施工组织设计。建筑施工组织设计应当按照基本建设程序和客观的施工规律的要求，从施工全局出发，研究施工过程中带有全局性的问题，包括确定开工前的各项准备工作、选择施工方案和组织流水施工、各工种工程在施工中的衔接与配合、劳动力的安排和各种技术物资的组织与供应、施工进度的安排和现场的规划与布置等，用以全面安排和正确指导施工的顺利进行，达到工期短、质量好、成本低的目标。

作为指导拟建工程项目的全局性文件，施工组织设计要通过科学、经济、合理的规划安排，使工程项目能够连续、均衡、协调地进行施工，并能指导现场施工。

二、基本建设项目的组成

基本建设项目，简称建设项目。凡是按一个总体设计组织施工，建成后具有完整的系统，可以独立地形成生产能力或使用价值的建设工程，就称为一个建设项目。

在工业建设中，一般以一个企业为一个建设项目，如一所纺织厂、一个钢铁厂等；在民用建设中，一般以一个事业单位为一个建设项目，如一所学校、一所医院等。大型分期建设的工程，分为几个总体设计，就有几个建设项目。

一个建设项目，视其复杂程度，由下列工程内容组成。

(一) 单项工程 (也称工程项目)

凡是具有独立的设计文件，竣工后可以独立发挥生产能力或效益的工程，就称为一个单项工程。一个建设项目，可由一个单项工程组成，也可由若干个单项工程组成。例如工业建设项目中，各个独立的生产车间、实验楼、仓库等；民用建设项目中，学校的教学楼、实验室、图书馆、学生宿舍等。这些都可以称为一个单项工程，其内容包括建筑工程、设备安装工程以及设备、工具、仪器的购置等。

(二) 单位工程

凡是具有单独设计，可以独立施工，但完工后不能独立发挥生产能力或效益的工程，称为一个单位工程。一个单项工程一般由若干个单位工程组成。例如，一个复杂的生产车间，一般由土建工程、管道安装工程、设备安装工程、电气安装工程等单位工程组成。

（三）分部工程

一个单位工程可以由若干个分部工程组成。例如一幢房屋的土建单位工程，按结构或构造部位划分，可以分为基础结构、主体结构、屋面、装修等分部工程；按工种工程划分，可以分为土（石）方工程、地基工程、混凝土工程、砌筑工程、防水工程、抹灰工程等分部工程。

（四）分项工程

一个分部工程可以划分为若干个分项工程。可以按不同的施工内容或施工方法来划分，以便于专业施工班组施工。例如一般房屋基础分部工程，可以划分为槽（坑）挖土、混凝土垫层、砖砌基础、回填土等分项施工过程。

第三节 施工组织设计的作用与分类

一、施工组织设计的作用

通过施工组织设计的编制，可以全面考虑拟建工程的各种具体施工条件，扬长避短地拟定合理的施工方案；确定施工顺序、施工方法和劳动组织，合理地统筹安排拟定施工进度计划；为拟建工程的设计方案在经济上的合理性、在技术上的科学性和在实施工程上的可能性进行论证提供依据；为建设单位编制基本建设计划、施工企业编制施工工作计划、实施施工准备工作计划提供依据；可以把拟建工程的设计与施工、技术与经济、前方与后方以及施工企业的全部施工安排与具体工程的施工组织工作更紧密地结合起来；可以将直接参加的施工单位与协作单位、部门与部门、阶段与阶段、过程与过程之间的关系更好地协调起来。

其作用具体表现在以下八个方面。

（1）施工组织设计是施工准备工作的重要组成部分，同时又是做好施工准备工作的依据和保证。

（2）施工组织设计是根据工程各种具体条件拟定的施工方案、施工顺序、劳动组织和技术组织措施等内容，是开展紧凑、有序施工活动的技术依据。

（3）施工组织设计所提出的各项资源需要量计划，直接为组织材料、机具、设备、劳动力需要量的供应和使用提供数据。

（4）通过编制施工组织设计，可以合理利用和安排为施工服务的各项临时设施，可以合理地部署施工现场，确保文明施工、安全施工。

（5）通过编制施工组织设计，可以将工程的设计与施工、技术与经济、施工的全局性规律和局部性规律、土建施工与设备安装、各部门、各专业有机结合，统一协调。

（6）通过编制施工组织设计，可分析施工中的风险和矛盾，及时研究解决问题的对策、措施，从而提高施工的预见性，减少盲目性。

（7）施工组织设计是统筹安排施工企业生产投入与产出过程的关键和依据。工程产品的生产和其他工业产品的生产一样，都是按要求投入生产要素，通过一定的生产过程，然后生产出成品，而中间转换的过程离不开管理。施工企业也是如此，从承接工程任务开始到竣工验收交付使用为止的全部施工过程的计划、组织和控制的基础就是科学的施工组织设计。

（8）施工组织设计可以指导投标与签订工程承包合同，同时也是投标书的内容和合同文件的一部分。

二、施工组织设计的分类

施工组织设计是一个总的概念，根据工程项目的类别、工程规模、编制阶段、编制对象和范围的不同，在编制的深度和广度上也有所不同。

（一）按施工组织设计阶段不同分类

根据工程施工组织设计阶段和作用的不同，工程施工组织设计可以划分为两类：一类是投标前编制的施工组织设计（简称标前设计），另一类是签订工程承包合同后编制的施工组织设计（简称标后设计）。

（二）按编制对象范围不同分类

施工组织设计按编制对象范围的不同可分为施工组织总设计、单位工程施工组织设计、分部分项工程施工组织设计三种。

1. 施工组织总设计

施工组织总设计是以一个建筑群或一个建设项目为编制对象，用以指导整个建筑群或建设项目施工全过程的各项施工活动的技术、经济和组织的综合性文件。施工组织总设计一般在初步设计或扩大初步设计被批准之后，在总承包企业总工程师的领导下进行编制。[①]

---

①刘勤.建筑工程施工组织与管理 [M].阳光出版社，2018：190.

2. 单位工程施工组织设计

单位工程施工组织设计是以一个单位工程（一个建筑物或构筑物，一个交工系统）为编制对象，用以指导其施工全过程的各项施工活动的技术、经济和组织的综合性文件。单位工程施工组织设计一般在施工图设计完成后，在拟建工程开工之前，在工程处技术负责人的领导下进行编制。

3. 分部分项工程施工组织设计

分部分项工程施工组织设计是以分部分项工程为编制对象，用以具体实施其施工全过程的各项施工活动的技术、经济和组织的综合性文件。分部分项工程施工组织设计一般是和单位工程施工组织设计的编制同时进行，并由单位工程的技术人员负责编制。

施工组织总设计、单位工程施工组织设计和分部分项工程施工组织设计之间有以下关系：施工组织总设计是对整个建设项目的全局性战略部署，其内容和范围比较概括；单位工程施工组织设计是在施工组织总设计的控制下，以施工组织总设计和企业施工计划为依据编制的，针对具体的单位工程，把施工组织总设计的内容具体化；分部分项工程施工组织设计是以施工组织总设计、单位工程施工组织设计和企业施工计划为依据编制的，针对具体的分部分项工程，把单位工程施工组织设计进一步具体化，它是专业工程具体的组织施工的设计。

第四节　建筑施工组织设计的管理

一、编制、审批和交底

（1）单位工程施工组织设计的编制与审批。单位工程施工组织设计由项目负责人主持编制，项目经理部全体管理人员参加，施工单位主管部门审核，施工单位技术负责人或其授权的技术人员审批。

（2）单位工程施工组织设计经上级承包单位技术负责人或其授权的技术人员审批后，应在工程开工前由施工单位项目负责人对项目部全体管理人员及主要分包单位进行交底，并做好交底记录。

二、过程检查与验收

（1）单位工程的施工组织设计在实施过程中应进行检查。过程检查可按照工程施工阶段进行，通常划分为地基基础、主体结构、装饰装修等阶段。

（2）过程检查由企业技术负责人或主管部门负责人主持，企业相关部门、项目经理部相关部门参加，检查施工部署、施工方法等的落实和执行情况，如对工期、质量、效益有较大影响应及时调整，并提出修改意见。

三、修改与补充

单位工程施工过程中，当其施工条件、总体施工部署、重大设计变更或主要施工方法发生变化时，项目负责人或项目技术负责人应组织相关人员对单位工程施工组织设计进行修改和补充，并报送原审核人审核，原审核人审批后形成《施工组织设计修改记录表》，随后对相关人员进行交底。[1]

四、发放与归档

单位工程施工组织设计审批后加盖受控章，由项目资料员报送及发放并登记记录，报送监理方及建设方，发放企业主管部门、项目相关单位和主要分包单位。

工程竣工后，项目经理部应按照国家、地方有关工程竣工资料编制的要求，将《单位工程施工组织设计》整理归档。

五、动态管理

（1）项目施工过程中，发生以下情况之一时，施工组织设计应及时进行修改或补充。

①工程设计有重大修改。当工程设计图纸发生重大修改时，如地基基础或主体结构的形式发生变化、装修材料或做法发生重大变化等，需要对施工组织设计进行修改。对工程

---

①李树芬.建筑工程施工组织设计[M].北京：机械工业出版社，2021：120.

设计图纸的一般性修改，视变化情况对施工组织设计进行补充；对工程设计图纸的细微修改或更正，施工组织设计则不需调整。

②有关法律、法规、规范和标准的实施、修订和废止。

③主要施工方法有重大调整。

④主要施工资源配置有重大调整。

⑤施工环境有重大改变。

（2）经修改或补充的施工组织设计应重新审批后实施。

（3）项目施工前，应进行施工组织设计逐级交底；项目施工过程中，应对施工组织设计的执行情况进行检查、分析并适时调整。

（4）施工组织设计应在工程竣工验收后归档。

第二章 施工准备工作

施工准备工作是基本建设工作的主要内容，是建筑工程施工的重要阶段。施工准备工作能够创造有利的施工条件，保证施工能够又快、又好、又省地进行。对于一个优质的工程项目来说，前期的施工准备工作显得尤为重要，因为它是工程建设能够顺利完成的战略措施和重要前提，也是顺利完成建筑工程任务的关键。施工准备工作有组织、有计划、有步骤、分阶段地贯穿于整个工程建设的始终，不仅在开工前要做，开工后也要做。认真细致地做好施工准备工作，在充分发挥各方面的积极因素，合理利用资源，加快施工速度、提高工程质量、确保施工安全、降低工程成本及获得较好经济效益方面具有重要的作用。

第一节 施工准备工作概述

一、原始资料的收集

对原始资料的收集分析，为编制出合理的、符合客观实际的施工组织设计文件，提供全面、系统、科学的依据；为图样会审、编制施工图预算和施工预算提供依据；为加强施工企业管理，制定经营管理决策提供可靠的依据。

（一）自然条件的资料调查

建设地区自然条件的资料调查，主要内容包括：地区水准点和绝对标高等情况；地质构造、土的性质和类别、地基土的承载力、地震级别和烈度等情况；河流流量和水质、最高洪水位和枯水期的水位等情况；地下水位的高低变化情况，含水层的厚度、流向流量和水质等情况；气温、雨、雪、风和雷电等情况；土的冻结深度和冬、雨期的期限情况等。

（二）供水供电的资料调查

施工区域给水、给电是施工不可缺少的必要条件。其施工区域给水与排水、供电与电和建设单位。资料主要用作选用施工用水、用电等的依据。

（三）交通运输的资料调查

建筑施工常采用铁路、公路和水路三种主要交通运输方式。施工区域交通运输的资料调查包括：主要材料及构件运输通道情况；有超长、超高、超重或超宽的大型构件、大型起重机械和生产工艺设备需整体运输时，还要调查沿线架空电线、天桥等的高度，并与有关部门商谈避免大件运输对正常交通造成干扰的路线、时间及措施等。资料来源主要是当地铁路、公路和水路管理部门。施工区域交通运输的资料主要是选用建筑材料和设备的运输方式，组织运输业务的依据。

（四）建筑材料的资料调查

建筑工程需要消耗大量的材料，主要有钢材、木材、水泥、地方材料、装饰材料、构件制作、商品混凝土、建筑机械等。收集施工区域建筑材料资料包括：地方材料的供应能力、质量、价格、运费等；商品混凝土、建筑机械供应与维修、脚手架、定型模板等大型租赁所能提供的服务项目及其数量、价格、供应条件等。资料来源主要是当地主管部门和建设单位及各建材生产厂家、供货商。建筑材料的资料是作为选择建筑材料和施工机械的主要依据。

（五）劳动力的资料调查

建筑施工是劳动密集型的生产活动，社会劳动力是建筑施工劳动力的主要来源。资料来源是当地的劳动、商业、卫生等部门。劳动力的资料主要是为劳动力安排计划、布置临时设施和确定施工力量提供依据。

二、施工准备工作的意义

施工准备工作是为了保证工程顺利开工和施工活动正常进行而必须事先做好的各项准备工作。它是施工程序中的重要环节，不仅存在于开工之前，而且贯穿于整个施工过程。为了保证工程项目顺利地进行，必须做好施工准备工作。做好施工准备工作具有以下意义。

（一）确保建筑施工程序

现代建筑工程施工大多是十分复杂的生产活动，其技术规律和社会主义市场经济规律要求工程施工必须严格按照建筑施工程序进行。只有认真做好施工准备工作，才能取得良好的建设效果。

（二）降低施工的风险

做好施工准备工作，是取得施工主动权、降低施工风险的有力保障。就工程项目施工的特点而言，其生产受外界干扰及自然因素的影响较大，因而施工中可能遇到的风险就多。只有根据周密的分析和多年积累的施工经验，采取有效的防范控制措施，充分做好施工准备工作，加强应变能力，才能有效地降低风险损失。

（三）创造工程开工和顺利

施工条件工程项目施工中不仅涉及广泛的社会关系，而且还要处理各种复杂的技术问题，协调各种配合关系，因而只有统筹安排和周密准备，才能使工程顺利开工，也才能提供各种条件，保证开工后的顺利施工。

（四）提高企业的综合效益

做好施工准备工作，是降低工程成本、提高企业综合效益的重要保证。认真做好工程项目施工准备工作，能充分调动各方面的积极因素，合理组织资源，加快施工进度，提高工程质量，降低工程成本，增加企业经济效益，赢得企业社会信誉，实现企业管理现代化，从而提高企业的经济效益和社会效益。

（五）推行技术经济责任制

施工准备工作是建筑施工企业生产经营管理的重要组成部分。现代企业管理的重点是生产经营，而生产经营的核心是决策。因此，施工准备工作作为生产经营管理的重要组成部分，主要对拟建工程目标、资源供应和施工方案及其空间布置和时间排列等方面进行选择和施工决策，有利于施工企业搞好目标管理，推行技术经济责任制。实践证明，施工准备工作的好与坏，将直接影响建筑产品生产的全过程。凡是重视并做好施工准备工作，积极为工程项目创造有利施工条件的，就能顺利开工，取得施工的主动权；同时，还可以避免工作的无序性和资源的浪费，有利于保证工程质量和施工安全，提高效益；反之，如果违背施工程序，忽视施工准备工作，使工程仓促开工，必然在工程施工中受到各种矛盾掣肘，处处被动，以致造成重大的经济损失。

三、施工准备工作的分类

（一）按工程所处施工阶段分类

按工程所处施工阶段分类，施工准备工作可分为开工前的施工准备和开工后的施工准备。（1）开工前的施工准备：指在拟建工程正式开工前所进行的一切施工准备，目的是为工程正式开工创造必要的施工条件，具有全局性和总体性。若没有这个阶段工程则不能顺利开工，更不能连续施工。（2）开工后的施工准备：指开工之后为某一单位工程、某个施工阶段或某个分部（分项）工程所做的施工准备工作，具有局部性和经常性。一般来说，冬、雨期施工准备都属于这种施工准备。

（二）按准备工作范围分类

按准备工作范围分类，施工准备工作可分为全场性施工准备、单位工程施工条件准备、分部（分项）工程作业条件准备。

（1）全场性施工准备：指以整个建设项目或建筑群为对象所进行的统一部署的施工准备工作。它不仅要为全场性的施工活动创造有利条件，而且要兼顾单位工程施工条件的准备。

（2）单位工程施工条件准备：指以一个建筑物或构筑物

为施工对象而进行的施工条件准备，不仅要为该单位工程做好开工前的一切准备，而且要为分部（分项）工程的作业条件做好施工准备工作。单位工程的施工准备工作完成，具备开工条件后，项目经理部应申请开工，递交开工报告，报审批后方可开工。实行建设监理的工程，企业还应将开工报告送监理工程师审批，由监理工程师签发开工通知书，在限定时间内开工，不得拖延。单位工程应具备的开工条件如下：①施工图纸已经会审并有记录。②施工组织设计已经审核批准并进行交底。③施工图预算和施工预算已经编制并审定。④施工合同已签订，施工证件已经审批齐全。⑤现场障碍物已清除。⑥场地已平整，施工道路已畅通，水源、电源已接通，排水沟渠畅通，能够满足施工的需要。⑦材料、构件、半成品和生产设备等已经落实并能陆续进场，保证连续施工的需要。⑧各种临时设施已经搭设，能够满足施工和生活的需要。⑨施工机械、设备的安排已落实，先期使用的已运入现场，已试运转并能正常使用。⑩劳动力安排已经落实，可以按时进场。现场安全守则、安全宣传牌已建立，安全、防火的必要设施已具备。①

（3）分部（分项）工程作业条件准备：指以一个分部（分项）工程为施工对象而进行的作业条件准备。由于对某些施工难度大、技术复杂的分部（分项）工程，需要单独编制施工作业设计，应对其所采用的施工工艺、材料、机具、设备及安全防护设施等分别进行准备。

---

①可淑玲，宋文学.建筑工程施工组织与管理 [M].广州：华南理工大学出版社，2018：88.

四、施工准备工作的要求

(一)施工准备应该有组织、有计划、有步骤地进行

(1)建立施工准备工作的组织机构,明确相应的管理人员;(2)编制施工准备工作计划表,保证施工准备工作按计划落实。将施工准备工作按工程的具体情况划分为开工前、地基基础工程、主体工程、屋面与装饰装修工程等时间区段,分期分阶段、有步骤地进行,可为顺利进行下一阶段的施工创造条件。

(二)建立严格的施工准备工作责任制及相应的检查制度

由于施工准备工作项目多、范围广,时间跨度长,因此必须建立严格的责任制,按计划将责任落实到相关部门及个人,明确各级技术负责人在施工准备中应负的责任,使各级技术负责人认真做好施工准备工作。在施工准备工作实施过程中,应定期进行检查,可按周、半月、月度进行检查,主要检查施工准备工作计划的执行情况。

(三)坚持按基本建设程序办事,严格执行开工报告制度

根据《建设工程监理规范》(GB/T50319-2013)的有关规定,工程项目开工前,当施工准备工作情况达到开工条件要求时,应向监理工程师报送工程开工报审表及开工报告等有关资料,由总监理工程师签发,并报建设单位后,在规定的时间内开工。

(四)施工准备工作必须贯穿于施工全过程

施工准备工作不仅要在开工前集中进行,而且工程开工后,也要及时全面地做好各施工阶段的准备工作,并贯穿于整个施工过程中。

（五）施工准备工作要取得各协作单位的友好支持与配合

由于施工准备工作涉及面广，因此除施工单位自身努力外，还要取得建设单位、监理单位、设计单位、供应单位、银行、行政主管部门、交通运输部门等的协作及相关单位的大力支持，以缩短施工准备工作的时间，争取早日开工。做到步调一致，分工负责，共同做好施工准备工作。

五、施工准备工作的内容

施工准备工作的内容，视该工程本身及其具备的条件而异，有的比较简单，有的却十分复杂。例如，只有一个单项工程的施工项目和包含多个单项工程的群体项目，一般小型项目和规模庞大的大中型项目，新建项目和改扩建项目，在未开发地区兴建的项目和在已开发地区兴建的项目等，都因工程的特殊需要和特殊条件而对施工准备工作提出各不相同的具体要求。施工准备工作要贯穿整个施工过程的始终，根据施工顺序的先后，有计划、有步骤、分阶段进行。按准备工作的性质，施工准备工作大致归纳为六个方面：建设项目的调查研究、资料收集，劳动组织的准备，施工技术资料的准备，施工物资的准备，施工现场的准备，季节性施工的准备。

六、施工准备工作的重要性

工程项目建设总的程序是按照计划、设计和施工三大阶段进行的，而施工阶段又分为施工准备、土建施工、设备安装、竣工验收等阶段。施工准备工作的基本任务是为拟建工程的施工准备必要的技术和物质条件，统筹安排施工力量和合理布置施工现场。施工准备工作是施工企业搞好目标管理，推行技术经济承包的重要前提。同时，施工准备工作还是土建施工和设备安装顺利进行的根本保证。因此，认真做好施工准备工作，对于发挥企业优势、合理供应资源、加快施工速度、提高工程质量、降低工程成本、增加企业经济效益等具有重要的意义。

第二节　原始资料的收集与整理

原始资料是工程设计及施工组织设计的重要依据之一。原始资料的调查主要是对工程条件、工程环境特点和施工条件等施工技术与组织的基础资料进行调查，以此作为施工准备工作的依据。原始资料调查工作应有计划、有目的地进行，事先要拟定明确、详细的调查提纲。调查的范围、内容、要求等，应根据拟建工程的规模、性质、复杂程度、工期及对当地的熟悉了解程度而定。原始资料调查的内容一般包括建设场址勘察和技术经济资料调查。

一、建设场址勘察

建设场址勘察主要是了解建设地点的地形、地貌、地质、水文、气象以及场址周围的环境和障碍物情况等。勘察结果一般可作为确定施工方法和技术措施的依据。

（一）地形、地貌勘察

地形、地貌勘察要求提供工程的建设规划图、区域地形图（1/25000～1/10000）、工程位置地形图（1/2000～1/1000），该地区城市规划图、水准点及控制桩的位置、现场地形地貌特征、勘察高程及高差等。对地形简单的施工现场，一般采用目测和步测；对场地地形复杂的，可用测量仪器进行观测，也可向规划部门、建设单位、勘察单位等进行调查。这些资料可作为选择施工用地、布置施工总平面图、场地平整及土方量计算、了解障碍物及其数量的依据。

（二）工程地质勘查

工程地质勘查的目的是查明建设地区的工程地质条件和特征，包括地层构造、土层的类别及厚度、承载力及地震级别等。应提供的资料有：钻孔布置图；工程地质剖面图；土层类别、厚度；土壤物理力学指标，包括天然含水量、孔隙比、塑性指数、渗透系数、压缩试验及地基土强度等；地层的稳定性、断层滑块、流沙；最大冻结深度；地基土破坏情况等。工程地质勘查资料可为选择土方工程施工方法、地基土的处理方法以及基础施工方法提供依据。

（三）水文地质勘查

水文地质勘查所提供的资料主要有以下两个方面。（1）地下水文资料：地下水最高、最低水位及时间，水的流速、流向、流量；地下水的水质分析及化学成分分析；地下水对地基有无冲刷、侵蚀影响等。所提供资料有助于选择基础施工方案、选择降水方法以及拟定防止侵蚀性介质的措施。（2）地面水文资料：临近江河湖泊距工地的距离；洪水、平水、枯水期的水位、流量及航道深度；水质分析；最大最小冻结深度及结冻时间等。调查目的是为确定临时给水方案、施工运输方式提供依据。

(四) 气象资料调查

气象资料一般可向当地气象部门进行调查，调查资料作为确定冬、雨期施工措施的依据。气象资料包括以下几个方面。(1)降雨、降水资料：全年降雨量、降雪量；日最大降雨量；雨期起止日期；年雷暴日数等。(2)气温资料：年平均、最高、最低气温；最冷、最热月及逐月的平均温度。(3)风向资料：主导风向、风速、风的频率；大于或等于8级风全年天数，并应将风向资料绘成风向图。

(五) 周围环境及障碍物调查

周围环境及障碍物调查包括施工区域现有建筑物、构筑物、沟渠、水井、树木、土堆、电力架空线路、地下沟道、人防工程、上下水管道、埋地电缆、煤气及天然气管道、地下杂填积坑、枯井等。这些资料要通过实地踏勘，并向建设单位、设计单位等调查取得，可作为布置现场施工平面的依据。

二、技术经济资料调查

技术经济调查的目的是查明建设地区地方工业、资源、交通运输、动力资源、生活福利设施等地区经济因素，获取建设地区技术经济条件资料，以便在施工组织中尽可能利用地方资源为工程建设服务，同时，也可作为选择施工方法和确定费用的依据。

（一）建设地区的能源调查

能源一般指水源、电源、气源等。能源资料可向当地城建、电力、燃气供应部门及建设单位等进行调查，主要用作选择施工用临时供水、供电和供气的方式，提供经济分析比较的依据。能源调查内容主要有：施工现场用水与当地水源连接的可能性、供水距离、接管距离、地点、水压、水质及水费等资料；利用当地排水设施排水的可能性、排水距离、去向等；可供施工使用的电源位置、引入工地的路径和条件，可以满足的容量、电压及电费；建设单位、施工单位自有的发变电设备、供电能力；冬期施工时附近蒸汽的供应量、接管条件和价格；建设单位自有的供热能力；当地或建设单位提供煤气、压缩空气、氧气的能力和它们至工地的距离等。[①]

（二）建设地区的交通调查

交通运输方式一般有铁路、公路、水路、航空等。交通资料可向当地铁路、交通运输和民航等管理局的业务部门进行调查。收集交通运输资料是指调查主要材料及构件运输通道的情况，包括道路、街巷、途经的桥涵宽度、高度，允许载重量和转弯半径限制等资料。有超长、超高、超宽或超重的大型构件、大型起重机械和生产工艺设备需整体运输时还要调查沿途架空电线、天桥的高度，并与有关部门商议避免大件运输对正常交通产生干扰的路线、时间及解决措施。所收集资料主要用作组织施工运输业务、选择运输方式、提供经济分析比较的依据。

---

①于金海.建筑工程施工组织与管理[M].北京：机械工业出版社，2017：219.

（三）主要材料及地方资源调查

主要材料及地方资源调查的内容包括：三大材料（钢材、木材和水泥）的供应能力、质量、价格、运费情况；地方资源如石灰石、石膏石、碎石、卵石、河砂、矿渣、粉煤灰等能否满足建筑施工的要求；开采、运输和利用的可能性及经济合理性。这些资料可向当地计划、经济等部门进行调查，作为确定材料的供应计划、加工方式、储存和堆放场地及建造临时设施的依据。

（四）建筑基地情况调查

主要调查建设地区附近有无建筑机械化基地、机械租赁站及修配站；有无金属结构及配件加工站；有无商品混凝土搅拌站和预制构件等。这些资料可用来确定构配件、半成品及成品等货源的加工供应方式、运输计划和规划临时设施。

（五）社会劳动力和生活设施情况调查

社会劳动力和生活设施情况调查内容包括：当地能提供的劳动力人数、技术水平、来源和生活安排；建设地区已有的可供施工期间使用的房屋情况；当地主副食、日用品供应、文化教育、消防治安、医疗单位的基本情况以及能为施工提供的支援能力。这些资料是制定劳动力安排计划、建立职工生活基地、确定临时设施的依据。

（六）参与施工的各单位能力调查

参与施工的各单位能力调查内容包括：主要调查施工企业的资质等级、技术装备、管理水平、施工经验、社会信誉等有关情况。这些可作为了解总、分包单位的技术及管理水平与选择分包单位的依据。在编制施工组织设计时，为弥补原始资料的不足，有时还可借助一些相关的参考资料来作为编制依据，如冬、雨期参考资料，机械台班产量参考指标，施工工期参考指标等。

这些参考资料可利用现有的施工定额、施工手册、施工组织设计实例或通过平时的施工实践活动来获得。

第三节 技术资料准备

技术资料准备即通常所说的室内准备（内业准备），是施工准备工作的核心，指导着现场施工准备工作，对于保证建筑产品质量、实现安全生产、加快工程进度、提高工程经济效益具有十分重要的意义。任何技术的差错或隐患都可能引起人身安全和质量事故，造成生命、财产和经济的巨大损失。因此，必须认真地做好技术资料准备工作。其内容一般包括：熟悉与审查图纸，编制施工图预算和施工预算，编制施工组织设计及"四新"试验、试制的技术准备。

一、熟悉与审查设计图纸

熟悉与审查图纸可以保证能够按设计图纸的要求进行施工；使从事施工和管理的工程技术人员充分了解和掌握设计图纸的设计意图、构造特点和技术要求；通过审查发现图纸中存在的问题和错误，为拟建工程的施工提供一份准确、齐全的设计图纸。

（1）熟悉图纸工作的组织。施工单位项目经理部收到拟建工程的设计图纸和有关技术文件后，应尽快组织有关的工程技术人员熟悉和自审图纸，写出自审图纸的记录。自审图纸的记录应包括对设计图纸的疑问和对设计图纸的有关建议，以便于在图纸会审时提出。

（2）熟悉图纸的要求。①基础部分：核对建筑、结构、设备施工图中关于留口、留洞的位置及标高；地下室排水方向；变形缝及人防出口做法；防水体系的包圈与收头要求；特殊基础形式做法等。②主体部分：弄清建筑物、墙、柱与轴线的关系；主体结构各层所用的砂浆、混凝土强度等级；梁、柱的配筋及节点做法；悬挑结构的锚固要求；楼梯间的构造；卫生间的构造；对标准图有无特别说明和规定等。③屋面及装修部分：屋面防水节点做法；结构施工时应为装修施工提供的预埋件和预留洞；内外墙和地面等材料及做法；防火、保温、隔热、防尘、高级装修等的类型和技术要求。④设备安装工程部分：弄清设备安装工程各管线型号、规格及布置走向，各安装专业管线之间是否存在交叉和矛盾，建筑设备的型号、规格、尺寸是否正确，设备的位置及预埋件做法与土建是否存在矛盾。

（3）审查拟建工程的地点、建筑总平面图同国家、城市或地区规划是否一致，以及建筑物或构筑物的设计功能和使用要求是否符合环境卫生、防火及美化城市等方面的要求。

（4）审查设计图纸与说明书在内容上是否一致，以及设计图纸与其各组成部分之间有无矛盾和错误。

（5）审查设计图纸是否完整、齐全，以及是否符合国家有关工程建设的设计、施工方面的方针和政策。

（6）审查建筑总平面图与其他结构图在几何尺寸、坐标、标高、说明等方面是否一致，技术要求是否正确。

（7）审查地基处理与基础设计同拟建工程地点的工程水文、地质等条件是否一致，以及建筑物或构筑物与地下建筑物或构筑物、管线之间的关系。

（8）审查工业项目的生产工艺流程和技术要求，掌握配套投产的先后顺序和相互关系，以及设备安装图纸与其相配套的土建施工图纸上的坐标、标高是否一致；掌握土建施工质量是否满足设备安装的要求。

（9）明确拟建工程的结构形式和特点，复核主要承重结构的强度、刚度和稳定性是否满足设计要求，审查设计图纸中复杂、施工难度大和技术要求高的分部分项工程或新结构、新材料、新工艺。

（10）明确主要材料、设备的数量、规格、来源和供货日期，以及建设期限、分期分批投产或交付使用的顺序和时间。

（11）明确建设、设计和施工等单位之间的协作、配合关系，以及建设单位可以提供的施工条件。

二、编制施工图预算和施工预算

在设计交底和图纸会审的基础上，施工组织设计已被批准，预算部门即可着手编制单位工程施工图预算和施工预算，以确定人工、材料和机械费用的支出，并确定人工数量、材料消耗数量及机械台班使用量等。施工图预算是由施工单位主持，在拟建工程开工前的施工准备工作期间所编制的确定建筑安装工程造价的经济文件，是施工企业签订工程承包合同，工程结算，银行拨、贷款，以及进行企业经济核算的依据。施工预算是根据施工图预算、施工图样、施工组织设计和施工定额等文件综合企业和工程实际情况所编制的，在工程确定承包关系以后进行，是施工单位内部经济核算和班组承包的依据。

三、编制施工组织设计

施工组织设计是指导施工现场全过程的、规划性的、全局性的技术、经济和组织的综合性文件，是施工准备工作的重要组成部分。通过施工组织设计，能为施工企业编制施工计划及实施施工准备工作计划提供依据，保证拟建工程施工的顺利进行。

第四节　施工现场准备

施工现场是施工的全体参与者为了实现优质、高速、低耗的目标，而有节奏、均衡、连续地进行建筑施工的活动空间。施工现场的准备即通常所说的室外准备(外业准备)，为工程创造有利于施工条件的保证，是保证工程按计划开工和顺利进行的重要环节，其工作应按照施工组织设计的要求进行。其主要内容有清除障碍物、三通一平、测量放线、搭设临时设施等。

一、建设单位施工现场准备工作

建设单位应按合同条款中约定的内容和时间完成以下工作。

（1）办理土地征用、拆迁补偿、平整施工场地等工作，使施工场地具备施工条件，在开工后继续负责解决以上事项的遗留问题。（2）将施工所需水、电、电信线路从施工场地外部接至专用条款约定地点，保证施工期间的需要。（3）开通施工场地与城乡公共道路的通道，以及专用条款约定的施工场地内的主要道路，满足施工运输的需要，保证施工期间的畅通。（4）向承包人提供施工场地的工程地质和地下管线资料，对资料的真实准确性负责。（5）办理施工许可证及其他施工所需证件、批件和临时用地、停水、停电、中断道路交通、爆破作业等的申请批准手续（证明承包人自身资质的文件除外）。（6）确定水准点与坐标控制点，以书面形式交给承包人，进行现场交验。（7）协调处理施工场地周围地下管线和邻近建筑物、构筑物（包括文物保护建筑）、古树名木的保护工作，并承担有关费用。

二、施工单位现场准备工作

施工单位现场准备工作即通常所说的室外准备，施工单位应按合同条款中约定的内容和施工组织设计的要求完成以下工作。（1）根据工程需要，提供和维护非夜间施工使用的照明、围栏设施，并负责安全保卫。（2）按专用条款约定的数量和要求，向发包人提供施工场地办公和生活的房屋及设施，发包人承担由此发生的费用。(3)遵守政府有关主管部门对施工场地交通、施工噪声以及环境保护和安全生产等的管理规定，按规定办理有关手续，并以书面形式通知发包人，发包人承担由此发生的费用，因承包人责任造成的罚款除外。(4)按条款约定做好施工场地地下管线和邻近建筑物、构筑物(包括文物保护建筑)、古树名木的保护工作。(5)保证施工场地清洁，符合环境卫生管理的有关规定。(6)建立测量控制网。(7)工程用地范围内的"七通一平"，其中平整场地工作应由其他单位承担，但建设单位也可要求由施工单位完成，费用仍由建设单位承担。(8)搭设现场生产和生活用地临时设施。

三、施工现场准备的主要内容

(一)清除障碍物

施工场地内的一切障碍物，无论是地上的还是地下的，都应在开工前清除。这一工作通常由建设单位完成，有时也委托施工单位完成。拆除时，一定要摸清情况，尤其是在老城区内，由于原有建筑物和构筑物情况复杂，而且资料不全，在清除前应采取相应的措施，防止事故发生。对于房屋，一般只要把水源、电源切断后即可进行拆除。若房屋较大、较坚固，则有可能采用爆破的方法，这需要由专业的爆破作业人员来承担，并且须经有关部门批准。架空电线(电力、通信)、埋地电缆(包括电力、通信)、自来水管、污水管、煤气管道等的拆除，都要与有关部门取得联系并办好手续，一般最好由专业公司拆除。场内的树木需报请园林部门批准方可砍伐。拆除障碍物后，留下的渣土等杂物都应清除出场外。

运输时，应遵守交通、环保部门的有关规定，运土的车辆要按指定的路线和时间行驶，并采取封闭运输车辆或在渣土上直接洒水等措施，以免渣土飞扬而污染环境。[①]

（二）做好"七通一平"

在工程用地范围内，接通施工用水、用电、道路和平整场地的工作，简称"三通一平"。其实，工地上实际需要的往往不只是水通、电通、路通，有的工地还需要供应蒸汽、架设热力管线，称为"热通"；通煤气，称为"气通"；通电话作为联络通信工具，称为"电信通"；还可能因为施工中的特殊要求，还有其他的"通"。通常，把"路通""给水通""排水通""排污通""电通""电信通""蒸汽及煤气通"统称为七通。一平指的是场地平整。一般而言，最基本的还是三通一平。

（三）测量放线

按照设计单位提供的建筑总平面图及接收施工现场时建设方提交的施工场地范围、规划红线桩、工程控制坐标桩和水准基桩进行施工现场的测量与定位。这一工作是确定拟建工程平面位置的关键，施测中必须保证精度、杜绝错误。

施工时应根据建设单位提供的由规划部门给定的永久性坐标和高程，按建筑总图上的要求，进行现场控制网点的测量，妥善设立现场永久性标准，为施工全过程的投测创造条件。

在测量放线前，应做好检验校正仪器、校核红线桩（规划部门给定的红线，在法律上起着控制建筑用地的作用）与水准点，制定测量放线方案（如平面控制、标高控制、沉降

---

① 王红梅，孙晶晶，张晓丽.建筑工程施工组织与管理[M].成都：西南交通大学出版社，2016：112.

观测和竣工测量等）等工作。如发现红线桩和水准点有问题，应提请建设单位处理。

建筑物应通过设计图中的平面控制轴线来确定其轮廓位置，测定后提交有关部门和建设单位验线，以保证定位的准确性。沿红线的建筑物，还要由规划部门验线，以防止建筑物压红线或超红线，为正常顺利施工创造条件。

（四）搭建临时设施

现场生活和生产用地临时设施，在安装时要遵照当地有关规定进行规划布置，如房屋的间距、标准是否符合卫生和防火要求，污水和垃圾的排放是否符合环境的要求等。因此，临时建筑平面图及主要房屋结构图都应报请城市规划、市政、消防、交通、环境保护等有关部门审查批准。

为了施工方便和行人的安全，对于指定的施工用地周界，应用围墙围护起来。围墙的形式和材料应符合市容管理的有关规定和要求，并在主要出入口设置标牌，标明工地名称、施工单位、工地负责人等。各种生产、生活用的临时设施，均应按批准的施工组织设计规定的数量、标准、面积、位置等要求组织搭建，不得乱搭乱建，并尽可能利用原有建筑物，减少临时设施的搭设，以便节约用地、节约投资。

各种生产、生活用的临时设施，包括各种仓库、混凝土搅拌站、预制构件场、机修站、各种生产作业棚、办公用房、宿舍、食堂、文化生活设施等，均应按批准的施工组织设计规定的数量、标准、面积、位置等要求组织修建。大、中型工程可分批分期修建。

（五）组织施工机具进场、安装和调试

按照施工机具需要量计划，分期分批组织施工机具进场，

根据施工总平面布置图，将施工机具安置在规定的地点或存储的仓库内。对于固定的机具要进行就位、搭设防护棚、接电源、保养和调试等工作。对所有施工机具，都必须在开工前进行检查和试运转。

(六) 组织材料、构配件制品进场存储

按照材料、构配件、半成品的需要量计划组织物资、周转材料进场，并根据施工总平面图规定的地点和指定的方式进行储存和定位堆放。同时，按进场材料的批量，依据材料试验、检验要求，及时采样并提供建筑材料的试验申请计划，严禁不合格的材料存储在现场。

第五节　季节性施工准备

施工物资准备是指施工中必须有的劳动手段（施工机械、工具、临时设施）和劳动对象（材料、配件、构件）等的准备，是一项较为复杂而又细致的工作，建筑施工所需的材料、构（配）件、机具和设备品种多且数量大，能否保证按计划供应，对整个施工过程的工期、质量和成本，有着举足轻重的作用。各种施工物资只有运到现场并有必要的储备后，才具备必要的开工条件。因此，要将这项工作作为施工准备工作的一个重要方面来抓。施工管理人员应尽早计算出各阶段对材料、施工机械、设备、工具等的需用量，并说明供应单位、交货地点、运输方式等，特别是对预制构件，必须尽早从施工图中摘录出构件的规格、质量、品种和数量，制表造册，向预

制加工厂订货并确定分笔交货清单、交货地点及时间，对大型施工机械、辅助机械及设备要精确计算工作日，并确定进场时间，做到进场后立即使用，用毕立即退场，提高机械利用率，节省机械台班费及停留费。

物资准备的具体内容有建筑材料的准备、预制构件和商品混凝土的准备、施工机具的准备、模板和脚手架的准备、生产工艺设备的准备等。

一、基本建筑材料的准备

基本建筑材料的准备包括"三材"、地方材料和装饰材料的准备。准备工作应根据材料的需用量计划，组织货源，确定物资加工、供应地点和供应方式，签订物资供应合同。材料的储备应根据施工现场分期分批使用材料的特点，按照以下原则进行材料的储备。

首先，应按工程进度分期、分批进行，现场储备的材料多了会造成积压，增加材料保管的负担，同时也占用过多流动资金；储备少了又会影响正常生产，所以材料的储备应合理、适宜。

其次，做好现场保管工作，以保证材料的数量和原有的使用价值。

再次，现场材料的堆放应合理。现场储备的材料，应严格按照施工平面布置图的位置堆放，以减少二次搬运，且应堆放整齐、标明标牌，以免混淆。另外，也应做好防水、防潮、易碎材料的保护工作。

最后，应做好技术试验和检验工作，对于无出厂合格证明和没有按规定测试的原材料，一律不得使用，不合格的建筑材料和构件，一律不准出厂和使用，特别对于没有把握的材料或进口原材料、某些再生材料的储备更要严格把关。

二、拟建工程所需构（配）件、制品的加工准备

工程项目施工中需要大量的预制构（配）件、门窗、金属构件、水泥制品以及卫生洁具等，这些构件、配件必须事先提出订制加工单。对于采用商品混凝土现浇的工程，则先要与生产单位签订供货合同，注明品种、规格、数量、需要时间及送货地点等。

三、施工机具的准备

根据采用的施工方案，安排施工进度，确定施工机械的类型、数量和进场时间。确定施工机具的供应办法和进场后的存放地点和方式，编制建筑安装机具的需要量计划，为组织运输、确定堆场面积等提供依据。其主要内容如下：（1）根据施工进度计划及施工预算所提供的各种构配件及设备数量，做好加工翻样工作，并编制相应的需用量计划。（2）根据需用量计划，向有关厂家提出加工订货计划要求，并签订订货合同。（3）对施工企业缺少且需要的施工机具，应与有关部门签订订购和租赁合同，以保证施工需要。（4）对于大型施工机械（如塔式起重机、挖土机、桩基设备等）的需求量和时间，应与有关方面（如专业分包单位）联系，提出要求，在落实后签订有关分包合同，并为大型机械按期进场做好现场有

关准备工作。（5）安装、调试施工机具，按照施工机具需要量计划，组织施工机具进场，根据施工总平面图将施工机具安置在规定的地方或仓库。对于施工机具要进行就位、搭棚、接电源、保养、调试工作。对所有施工机具都必须在使用前进行检查和试运转。

四、模板和脚手架的准备

模板和脚手架是施工现场使用量最大、堆放占地最大的周转材料。模板及其配件规格多、数量大，对堆放场地要求比较高，一定要分规格、型号整齐码放，便于使用及维修；大钢模一般要求立放，并防止倾倒，在现场也应规划出必要的存放场地；钢管脚手架、桥脚手架、吊篮脚手架等都应按指定的平面位置堆放整齐，扣件等零件还应防雨，以防锈蚀。

五、生产工艺设备的准备

订购生产用的生产工艺设备，要注意交货时间与土建进度密切配合，因为某些庞大设备的安装往往要与土建施工穿插进行，如果土建全部完成或封顶后，安装会有困难，故各种设备的交货时间要与安装时间密切配合，以免影响建设工期。准备时按照拟建工程生产工艺流程及工艺设备的布置图提出工艺设备的名称、型号、生产能力和需要量，确定分期分批进场时间和保管方式，编制工艺设备需要量计划，为组织运输、确定堆场面积提供依据。

第六节 其他施工准备

一、资金准备

施工项目的实施需要耗费大量的资金，在施工过程中可能会遇到资金不到位的情况，包括资金的时间不到位和数量不到位，这就要求施工企业认真进行资金准备。资金准备工作具体内容主要有：编制资金收入计划；编制资金支出计划；筹集资金；掌握资金贷款、利息、利润、税收等情况。

二、做好分包工作

大型土石方工程、结构安装工程以及特殊构筑物工程的施工等，若需实行分包的，则需在施工准备工作中依据调查中了解的有关情况，选定理想的协作单位。根据欲分包工程的工程量、完工日期、工程质量要求和工程造价等内容，签订分包合同。进行工程分包必须按照有关法规执行。

三、向主管部门提交开工申请报告

在进行相应施工准备工作的同时，若具备开工条件，应及时填写开工申请报告，并上报主管部门以获得批准。

四、冬期施工各项准备工作

(一) 合理安排冬期施工项目

为了更好地保证工程施工质量、合理控制施工费用，在施工组织安排上要综合研究，明确冬期施工的项目，做到冬期不停工，而冬期采取的措施费用增加较少。

(二) 落实各种热源供应和管理

热源供应和管理包括各种热源供应渠道、热源设备和冬期用的各种保温材料的存储和供应、司炉工培训等工作。

(三) 做好测温工作

冬期施工昼夜温差较大，为保证施工质量，在整个冬期施工过程中，项目部要组织专人进行测温工作，每日实测室外最低温度、最高温度、砂浆温度，并负责把每天测温情况通知工地负责人。出现异常情况立即采取措施，测温记录最后由技术人员归入技术档案。

(四) 做好保温防冻工作

冬期来临前，为保证室内其他项目能顺利施工，应做好室内的保温施工项目，如先完成供热系统，安装好门窗玻璃等项目；室外各种临时设施要做好保温防冻，如防止给排水管道冻裂；防止道路积水结冰，及时清扫道路上的积雪，以保证运输顺利。

(五) 加强安全教育，严防火灾发生

为确保施工质量，避免事故发生，要做好职工培训及冬期施工的技术操作和安全施工的教育，要有防火安全技术措施，并经常检查落实，保证各种热源设备完好。

五、雨期施工各项准备工作

（一）防洪排涝，做好现场排水工作

施工现场雨期来临前，应做好防洪排涝准备，做好排水沟渠的开挖，准备好抽水设备，防止因场地积水和地沟、基槽、地下室等浸水而造成损失。

（二）做好雨期施工安排，尽量避免雨期窝工造成的损失

一般情况下，在雨期到来前，应多安排完成基础、地下工程，土方工程，室外及屋面工程等不宜在雨期施工的项目；多留些室内工作在雨期施工。将不宜在雨期施工的工程提前或延后安排，对必须在雨期施工的工程制定有效措施，晴天抓紧室外作业，雨天安排室内工作。注意天气预报，做好防汛准备，遇到大雨、大雾、雷击和6级以上大风等恶劣天气，应当停止进行露天高处、起重吊装和打桩等作业。

（三）做好道路维护，保证运输畅通

雨期到来前检查道路边坡排水，适当提高路面，防止路面凹陷，保证运输畅通。

（四）做好物资的存储

雨期到来前，材料、物资应多存储，减少雨期运输量，以节约费用。要准备必要的防雨器材，库房四周要有排水沟渠，以防物资淋雨浸水而变质。

（五）做好机具设备等防护

雨期施工，对现场的各种设施、机具要加强检查，特别是脚手架、垂直运输设施等，要采取防倒塌、防雷击、防漏电等一系列技术措施。

（六）加强施工管理，做好雨期施工的安全教育

要认真编制雨期施工技术措施，并认真组织贯彻实施。加强对职工的安全教育，防止各种事故的发生。

（七）加固整修临时设施及其他准备工作

（1）施工现场的大型临时设施在雨期前应整修加固完毕，保证不漏、不塌、不倒和周围不积水，严防水冲入设施内。选址要合理，避开易发生滑坡、泥石流、山洪、坍塌等灾害的地段。大风和大雨后，应当检查临时设施地基和主体结构情况，发现问题及时处理。

（2）雨后应及时对坑槽沟边坡和固壁支撑结构进行检查，深基坑应当派专人进行认真测量，观察边坡情况，如果发现边坡有裂缝、疏松，支撑结构折断、移动等危险征兆，应当立即采取处理措施。

（3）雨期施工中遇到气候突变，如暴雨造成水位暴涨、山洪暴发或因雨发生坡道打滑等。

（4）雷雨天气不得进行露天电力爆破土石方作业，如中途遇到雷电，应迅速将雷管的脚线、电线主线两端连成短路。

（5）大风、大雨后作业应当检查起重机械设备的基础、塔身的垂直度、缆风绳和附着结构以及安全保险装置，并先进行试吊，确认无异常后方可作业。

（6）落地式钢管脚手架底应当高于自然地坪50mm，并夯实整平，预留一定的散水坡度在周围设置排水措施，防止雨水浸泡。

（7）遇到大雨、大雾、高温、雷击和6级以上大风等恶劣天气，应停止搭设和拆除作业。

（8）大风、大雨后要组织人员检查脚手架是否牢固，如

有倾斜、下沉、松扣、崩扣和安全网脱落、开绳等现象，要及时进行处理。

六、夏期施工各项准备工作

夏期施工最显著的特点就是环境温度高、相对湿度较小、雨水较多，所以要认真编制夏期施工的安全技术施工预案，并做好各项准备工作。

(一) 编制夏期施工项目的施工方案，并认真组织贯彻实施

根据施工生产的实际情况，积极采取行之有效的防暑降温措施，充分发挥现有降温设备的功能，添置必要的设施，并及时做好检查维修工作。

(二) 现场防雷装置的准备

(1) 防雷装置设计应取得当地气象主管机构核发的《防雷装置设计核准意见书》。(2) 待安装的防雷装置应符合国家有关标准和国务院气象主管机构规定的使用要求，并具备出厂合格证等证明文件。(3) 从事防雷装置的施工单位和施工人员应具备相应的资质证书或资格证书，并按照国家有关标准和国务院气象主管机构的规定进行施工作业。

七、施工人员防暑降温的准备

(1) 关心职工的生产、生活，确保职工劳逸结合，严格控制加班时间。入暑前，抓紧做好高温、高空作业工人的体检，对不适合高温、高空作业者，应适当调换工作。(2) 施工单位在安排施工作业任务时，要根据当地的天气特点尽量调整作息时间，避开高温时段，采取各种措施保证职工得到良好的休息，保持良好的精神状态。(3)施工单位要确保施工现场的饮用水供应，适当提供部分含盐饮料或绿豆汤，必须保证饮品的清洁卫生，保证施工人员有足量的饮用水供应。及时发放藿香正气水、人丹、十滴水、清凉油等防暑药物，防止中暑和传染疾病的发生。(4)密闭空间作业，要避开高温时段进行，必须进行时要采取通风等降温措施，采取轮换作业方式，每班作业15~20分钟，并设立专职监护人。长时间露天作业，应采取搭设防晒棚及其他防晒措施。(5)患有高温禁忌证的人员要适当调整其工作时间或岗位，避开高温环境和高空作业。[①]

八、劳动组织的准备

(一)建立施工项目的组织机构

施工项目组织机构的建立应遵循的原则：根据工程规模、结构特点和复杂程度，确定施工组织的领导机构名额和人选；坚持合理分工与密切协作相结合的原则；把有施工经验、有创新精神、工作效率高的人选入领导机构；认真执行因事设职、因职选人。对于一般单位工程，可设一名工地负责人，再配施工员、质检员、安全员及材料员等；对大型的单位工程或群体项目，则需配备一套班子，包括技术、材料、计划

---

①王建玉.建筑智能化工程施工组织与管理[M].北京：机械工业出版社，2018：190.

等管理人员。

(二) 建立精干的施工队伍

施工队伍的建立要认真考虑专业、工种的合理配合,技工、普工的比例要满足合理的劳动组织及流水施工组织方式的要求,建立施工队组(专业施工队组,或混合施工队组)要坚持合理、精干高效的原则;人员配置要从严控制二、三线管理人员,力求一专多能、一人多职,同时,制定出该工程的劳动力需要量计划。

(三) 集结施工力量,组织劳动力进场

工地领导机构确定之后,按照开工日期和劳动力需要量计划,组织劳动力进场。同时,要进行安全、防火和文明施工等方面的教育,并安排好职工的生活。

建立健全各项管理制度。由于工地的各项管理制度直接影响其各项施工活动的顺利进行,因此必须建立健全工地的各项管理制度。一般管理制度包括:工程质量检查与验收制度;工程技术档案管理制度;建筑材料(构件、配件、制品)的检查验收制度;技术责任制度;施工图纸学习与会审制度;技术交底制度;职工考勤、考核制度;工地及班组经济核算制度;材料出入库制度;安全操作制度;机具使用保养制度。

(四) 基本施工班组的确定

基本施工班组应根据工程的特点、现有的劳动力组织情况及施工组织设计的劳动力需要量计划来确定选择。各有关工种工人的合理组织,一般有以下几种参考形式。

(1) 砖混结构的房屋。砖混结构的房屋采用混合班组施工的形式较好。在结构施工阶段,主要是砌筑工程。应以瓦工为主,配备适量的架子工、木工、钢筋工、混凝土工以及

小型机械工等。装饰阶段则以抹灰工、油漆工为主，配备适当的木工、管道工和电工等。这些混合施工队的特点是：人员配备较少，工人以本工种为主兼做其他工作，工序之间的衔接比较紧凑，因而劳动效率较高。

（2）全现浇结构房屋。全现浇结构房屋采用专业施工班组的形式较好。主体结构要浇灌大量的钢筋混凝土，故模板工、钢筋工、混凝土工是其主要工种。装饰阶段须配备抹灰工、油漆工、木工等。

（3）预制装配式结构房屋。预制装配式结构房屋采用专业施工班组的形式较好。这种结构的施工以构件吊装为主，故应以吊装起重工为主。因焊接量较大，电焊工要充足，并配以适当的木工、钢筋工、混凝土工。同时，根据填充墙的砌筑量配备一定数量的瓦工。装修阶段须配备抹灰工、油漆工、木工等专业班组。

（五）做好分包或劳务安排

由于建筑市场的开放和用工制度的改革，施工单位仅仅靠自身的基本队伍来完成施工任务已非常困难，因此往往要联合其他建筑队伍（一般称外包施工队）共同完成施工任务。

（1）外包施工队独立承担单位工程的施工。对于有一定的技术管理水平、工种配套并拥有常用的中小型机具的外包施工队伍，可独立承担某一单位工程的施工。在经济上，可采用包工、包材料消耗的方法，企业只需抽调少量的管理人员对工程进行管理，并负责提供大型机械设备、模板、架设工具及供应材料。

（2）外包施工队承担某个分部（分项）工程的施工。外包施工队承担某个分部（分项）工程的施工，实质上就是单纯提供劳务，而管理人员以及所有的机械和材料，均由本企业负责提供。

（3）临时施工队伍与本企业队伍混编施工。临时施工队伍与本企业队伍混编施工，是指将本身不具备施工管理能力，只拥有简单的手动工具，仅能提供一定数量的个别工种的施工队伍，编排在本企业施工队伍之中，指定一批技术骨干带领他们操作，以保证质量和安全，共同完成施工任务。使用临时施工队伍时，要进行技术考核，达不到技术标准、质量没有保证的不得使用。

（六）做好施工队伍的教育

施工前，企业要对施工队伍进行劳动纪律、施工质量和安全教育，要求本企业职工和外包施工队人员必须做到遵守劳动时间，坚守工作岗位，遵守操作规程，保证产品质量，保证施工工期及安全生产，服从调动，爱护公物。同时，企业还应做好职工、技术人员的培训和技术更新工作，只有不断提高职工、技术人员的业务技术水平，才能从根本上保证建筑工程质量，不断提高企业的竞争力。另外，对于某些采用新工艺、新结构、新材料、新技术的工程，应该先将有关的管理人员和操作工人组织起来培训，使之达到标准后再上岗操作。这也是施工队伍准备工作的内容之一。

第三章　单位工程施工组织设计

第一节　工程概况

单位工程施工组织设计中的工程概况，是对拟建工程的工程特点、地点特征和施工条件等的一个简洁、明了、突出重点的文字介绍。

一、工程建设概况

工程建设概况主要说明拟建工程的建设单位、名称、规模、性质、用途、资金来源及投资额、开竣工的日期、设计单位、施工单位(包括施工总承包和分包单位)、施工图纸情况、施工合同、主管部门的有关文件或要求、组织施工的指导思想等。

二、工程设计概况

对工程全貌进行综合说明，主要介绍以下几方面的情况。

（1）建设设计特点：主要说明拟建工程的建筑面积、层数、高度、平面形状、平面组合情况及室内外装修情况，并附平面、立面、剖面简图。

（2）结构设计特点：主要说明基础的类型、构造特点和埋置深度，主体结构的类型，预制构件的类型及安装，抗震设防的烈度、抗震等级等。

（3）设备安装设计特点：主要说明建筑采暖卫生与煤气工程、建筑电气安装工程、通风空调工程、电梯安装工程的设计要求。

三、工程施工概况

（1）建设地点的特征：包括拟建工程的位置、地形，工程地质条件，冬期、雨期期限，冻土深度，地下水位、水质，气温，主导风向、风力，地震烈度等特征。

（2）施工条件：包括"三通一平"情况，现场周边的环境，施工场地的大小，地上、地下各种管线的位置，当地交通运输的条件，预制构件的生产及供应情况，预拌混凝土的供应情况，施工企业、机械、设备和劳动力的落实情况，劳动力的组织形式和内部承包方式等。

（3）工程施工特点：简要描述单位工程的施工特点和施工中的关键问题，以便在施工方案选择、资源供应、技术力量配备及施工组织上采取有效的措施，保证施工顺利进行。例如，砖混结构住宅建筑的施工特点是模板、钢筋和混凝土工作量大等。

第二节　施工方案和施工方法

施工方案是单位工程施工组织设计的核心内容，施工方案选择是否合理，将直接影响工程的施工质量、施工速度、工程造价及企业的经济效益，故必须引起足够的重视。

施工方案的选择包括施工顺序和施工流向的确定、施工方法和施工机械的选择、施工技术组织措施的拟定等。

在选择施工方案时，为了防止所选择的施工方案可能出现的片面性，应多考虑几个方案，从技术、经济的角度进行比较，最后择优选用。

一、施工顺序和施工流向的确定

（一）施工顺序的确定

施工顺序是指单位工程中各分部工程或各分项工程的先后顺序及其制约关系，它体现了施工步骤上的规律性。在组织施工时，应根据不同阶段和不同的工作内容，按其固有的、不可违背的先后次序展开。这对保证工程质量、保证工期、提高生产效率具有很大的作用。通常，工程特点、施工条件、使用要求等会对施工顺序产生较大的影响。

安排合理的施工顺序应考虑以下几点：

（1）遵循"先地下，后地上""先主体，后围护""先结构，后装饰""先土建，后设备"的原则图。

①"先地下，后地上"是指在地上工程开始之前，尽量完成地下管道、管线、地下土方及设施的工程，这样可以避免给地上部分施工带来干扰和不便。

②"先主体，后围护"是指先进行主体框架施工，然后进行围护工程施工。对于多高层框架结构而言，为加快施工速度，节约工期，主体工程和围护工程也可采用少搭接或部分搭接的方式进行施工。

③"先结构，后装饰"是指先进行主体结构施工，后进行装饰工程施工。

④"先土建，后设备"是指无论工业建筑还是民用建筑，水、暖、电等设备的施工一般都在土建施工之后进行。但对于工业建筑中的设备安装工程，则取决于工业建筑的种类，一般小设备是在土建之后继续进行；而大设备则是"先设备，后土建"，如发电机主厂房等，这一点在确定施工顺序时应特别注意。

由于影响工程施工的因素非常多，所以施工顺序也不是一成不变的。随着科学技术的发展，新的施工方法和施工技术也会出现，其施工顺序也将会发生一定的改变，这不仅可以保证工程质量，而且也能加快施工速度。例如，在进行高层建筑施工时，可使地下与地上部分同时施工。

（2）合理安排土建施工与设备安装的施工顺序。

随着建筑业的发展，土建施工与设备安装的顺序变得越来越复杂，特别是一些大型厂房的施工，除了要完成土建施工之外，同时还要完成较复杂的工艺设备、机械及各类工业管道的安装等。土建施工与设备安装的施工顺序，一般来讲有以下三种方式。

①"封闭式"施工顺序，指的是土建工程主体结构完工之后，再进行设备安装的施工顺序。这种施工顺序能保证设备及设备基础在室内进行施工，而不受气候影响，也可以利用已建好的设备为设备安装服务。但这种施工顺序可能会造成部分施工工作的重复进行，如部分柱基础土方的重复挖填和运输道路的重复铺设，也可能会由于场地受限制造成施工困难和不便，故这种施工顺序通常适用于设备基础较小、各类管道埋置较浅、设备基础施工不会影响柱基的情况。

②"敞开式"施工顺序，指的是先进行工艺设备及机械的安装，然后进行土建工程的施工。这种施工顺序通常适用于设备基础较大，且基础埋置较深，设备基础的施工将影响厂房柱基的情况，其优缺点正好与"封闭式"施工顺序相反。

③土建施工与设备安装同时进行，这样土建工程可为设备安装工程创设必要的条件，同时采取防止设备被砂浆、垃圾等污染的保护措施，可加快工程进度。例如，在建造水泥厂时，经济效果较好的施工顺序是土建施工与设备安装同时进行。

（二）施工流向的确定

施工流向指的是单位工程在平面上或空间上施工的开始部位及其展开的方向。对单层建筑物来讲，仅需要确定在平面上施工的起点和施工流向。对多层建筑物，则除了需要确定每层平面上施工的起点和流向之外，还需要确定在竖向上施工的起点和流向。

确定单位工程的施工流向，应考虑如下因素。

1.考虑车间的生产工艺流程及使用要求

从施工的角度来看，从厂房的任何一端开始施工都是可行的，但是按照生产工艺顺序来进行施工，不但可以保证设备安装工程分期进行，有利于缩短工期，而且可提早投产，充分发挥国家基本建设的投资效果。

2. 考虑单位工程的繁简程度和施工过程之间的关系

一般是技术复杂、施工进度慢、工期长的区段和部位先行施工。例如，高层现浇混凝土结构房屋一般是主楼部位先施工，裙楼部分后施工。

3. 考虑房屋高低层和高低跨

当房屋有高低层或高低跨时，应从高低层或高低跨并列处开始。例如，在高低跨并列的单层工业厂房结构安装中，应从高低跨并列处开始吊装；在高低层并列的多层建筑中，应从层数多的区段开始施工。

4. 考虑施工方法的要求

施工流向应按所选的施工方法及所制订的施工组织要求进行安排。如一幢高层建筑物若采用顺作法施工地下两层结构，其施工流程为：测量放线→底板施工→拆第二道支撑→地下两层施工→拆第一道支撑→±0.000顶板施工→上部结构施工。若采用逆作法施工地下两层结构，其施工流程为：测量定位放线→进行地下连续墙施工→进行钻孔灌注桩施工→±0.000标高结构层施工→地下两层结构施工，同时进行地上一层结构施工→底板施工并做各层柱，完成地下施工→完成上部结构。又如在结构吊装工程中，采用分件吊装法时，其施工流向不同于综合吊装法的施工流向；同样，设计人员的要求不同，也使得其施工流向不同。

5. 考虑工程现场的施工条件

施工场地的大小、道路的布置和施工方案中采用的施工机械也是确定施工流向的主要因素。如土方工程，在边开挖边进行余土外运时，其施工流向起点应确定在离道路远的部位，并应按由远及近的方向进行。

6.考虑分部分项工程的特点及相互关系

分部分项工程不同、相互关系不同，其施工流向也不相同。特别是在确定竖向与平面组合的施工流向时，显得尤其重要。例如，在多高层建筑室内装饰中，根据装饰工程的工期、质量、安全使用要求及施工条件，其施工起点流向一般有自上而下、自下而上及自中而下再自上而中三种。

（1）室内装饰工程自上而下的施工流向，是指在主体结构工程封顶，做好屋面防水层后，从顶层开始，逐层向下进行的施工流向。有水平向下和垂直向下两种情况，其中水平向下的施工流向采用较多。

这种施工流向的优点是主体结构完成后再进行装修，有一定的沉降时间，这样能保证装饰工程的质量；同时，做好屋面防水层后，可防止在雨期施工时，因雨水渗漏而影响装饰工程的质量；且自上而下流水施工，各工序之间交叉少，便于组织施工、清理垃圾，保证文明安全施工。其缺点是不能与主体结构工程施工进行搭接，工期长。

（2）室内装饰工程自下而上的施工流向，是指主体结构工程的墙砌到2~3层以上时，装饰工程可从一层开始，逐层向上进行的施工流向，有水平向上和垂直向上两种情况。

这种施工流向的优点是可以和主体结构砌墙工程进行交叉施工，工期短；其缺点是工序之间交叉多，施工组织复杂，工程的质量及生产的安全性不易保证。例如，当采用预制楼板时，由于板缝浇灌不严密，极易造成靠墙边漏水，严重影响装饰工程的质量。使用这种施工流向，应在相邻两层中加强施工组织与质量管理。

（3）室内装饰工程自中而下再自上而中的施工流向，这种施工流向综合了上述两种施工流向的优缺点，适用于中高层建筑的室内装修工程。应当指出，在流水施工中，施工起点及流向决定了各施工段上的施工顺序。因此，在确定施工流向时，应划分好施工段。

（三）施工过程先后顺序的确定

施工过程的先后顺序指的是各施工过程之间的先后次序，也称各分项工程的施工顺序。它的确定既是为了按照客观的施工规律来组织施工，也是为了解决各工种在时间上的搭接问题，这样就可以在保证施工质量与施工安全的条件下，充分利用空间，争取时间，组织好施工。

1. 确定施工过程的名称

任何一个建筑物的建造过程都是由许多工艺过程组成的，而每一个工艺过程只完成建筑物的某一部分或某一种结构构件。在编制施工组织设计时，则需对工艺过程进行安排。

对于劳动量大的工艺过程，可确定为一个施工过程；对于那些不重要的、量小的工艺过程，则可合并为一个施工过程。例如，钢筋混凝土圈梁，按工艺过程可分为支模板、绑扎钢筋、浇筑混凝土，考虑到这三个工艺过程工程量小，则可合并为一个钢筋混凝土圈梁的施工过程。

除此之外，在确定施工过程时应特别注意以下几点。

第一，施工过程项目划分的粗细程度要适宜，应根据进度计划的需要来决定。对于控制性施工进度计划，项目可划分得粗一些，通常划分为分部工程即可，如划分成施工前期准备工作、基础工程、主体工程、屋面工程及装饰工程等；对于指导性施工进度计划，项目可划分得尽可能详细一些，特别是对主导施工过程和主要分部工程，则可要求更具体详细些，这样便于控制进度、指导施工，如主体现浇混凝土工程可划分为支模板、绑扎钢筋、浇筑混凝土等施工过程。

第二，施工过程的确定要结合具体施工方法来进行。如结构吊装时，如果采用分件吊装法，施工过程则应按构件类型进行划分，如吊柱、吊梁、吊板；如果采用综合吊装法，施工过程则应按单元或节间进行划分。

第三，凡是在同一时期内由同一工作队进行的施工过程可以合并在一起，否则应当分开列项。

2. 确定施工过程的先后顺序时应考虑的因素

(1) 施工工艺的要求。

各种施工过程之间客观存在的工艺顺序关系，是随房屋结构和构造的不同而不同的，在确定施工顺序时必须顺从这个关系。例如，建筑物现浇楼板的施工过程的先后顺序是：支模板→绑扎钢筋→浇筑混凝土→养护→拆模。

(2) 施工方法和施工机械的要求。

选用不同的施工方法和施工机械时，施工过程的先后顺序是不相同的。例如，在进行装配式单层工业厂房的安装时，如果采用分件吊装法，施工顺序应该是先吊柱，再吊吊车梁，最后吊屋架及屋面板；如果采用综合吊装法，则施工顺序应该是吊装完一个节间的柱、吊车梁、屋架、屋面板后，再吊装另一个节间的所有构件。又如，在安装装配式多层多跨工业厂房时，如果采用塔式起重机，则可以自下向上逐层吊装；如果采用桅杆式起重机，则只能把整个房屋在平面上划分成若干个单元，由下而上吊完一个单元的构件后，再吊下一个单元的构件。

（3）施工组织的要求。

施工过程的先后顺序与施工组织要求有关。例如，地下室的混凝土地坪施工，可以安排在地下室的上层楼板施工之前完成，也可以安排在上层楼板施工之后进行。从施工组织的角度来看，前一个方案施工方便，比较合理。

（4）施工质量的要求。

施工过程的先后顺序是否合理，将影响施工的质量。如水磨石地面，只能在上一层水磨石地面完成之后才能进行下一层的顶棚抹灰工程，否则会造成质量缺陷。

（5）当地气候条件的要求。

气候的不同会影响施工过程的先后顺序。例如，在南方地区，应首先考虑到雨期施工的特点；而在北方地区，则应多考虑冬期施工的特点。土方、砌墙、屋面等工程应尽可能安排在雨期到来之前施工，而室内工程则可适当推后。

（6）安全技术的要求。

合理的施工过程的先后顺序，必须使各施工过程不引起安全事故。例如，不能在同一个施工段上一面进行楼板施工，一面又进行其他作业。

（四）常见的几种建筑施工顺序

1. 多层砖混结构居住房屋的施工顺序

多层砖混结构居住房屋的施工，一般可以划分为基础工程、主体结构工程、屋面及装饰工程三个施工阶段。

2. 高层框架结构建筑的施工顺序

高层框架结构建筑的施工，一般可以划分为地基与基础工程、主体结构工程、屋面及装饰工程三个施工阶段。

3. 单层装配式工业厂房的施工顺序

单层装配式工业厂房的施工，一般可以划分为基础工程、预制及养护工程、安装工程、围护工程、屋面及装饰工程五个施工阶段，其特点是：基础施工复杂、构件预制量大，施工时要求土建与设备的安装紧密配合。

二、施工方法和施工机械的选择

正确选择施工方法和施工机械是制订施工方案的关键。施工方法和施工机械的选择是紧密联系的，单位工程各主要施工过程的施工，一般有几种不同的施工方法可供选择。这时，应根据建筑结构特点，平面形状、尺寸和高度，工程量大小及工期长短，劳动力及资源供应情况，气候及地质情况，现场及周围环境，施工单位技术、管理水平和施工习惯等，进行综合分析考虑，选择合理的、切实可行的施工方法。

(一) 选择施工方法和施工机械的基本要求

(1) 在满足总体施工部署的前提下，应着重考虑主导施工过程的施工方法和施工机械。主导施工过程一般是指工程量大、施工工期长，在施工中占据重要地位的施工过程，如砌体结构中的墙体砌筑、室内外抹灰工程和单层工业厂房中的结构吊装工程等；施工技术复杂或采用新技术、新工艺、新结构、新材料的分部分项工程；对工程质量起关键作用的施工过程，如地下防水工程、预应力框架施工中的预应力张拉等；对施工单位来说，某些结构特殊或操作上不够熟练、缺乏施工经验的施工过程，如大体积混凝土基础施工等。

（2）施工方法和施工机械必须满足施工技术的要求。如预应力张拉方法和机械的选择应满足设计、施工的技术要求；吊装机械型号、数量的选择应满足构件吊装的技术和进度要求。

（3）施工方法应满足先进、合理、可行、经济的要求。在选择施工方法时，除要求先进、合理之外，还要考虑对施工单位来说是可行的，经济上是节约的。必要时要进行分析比较，根据施工技术水平和实际情况考虑研究，做出选择。

（4）施工机械的选用应兼顾实用性和多用性的要求，尽可能发挥施工机械的效率和利用率。

（5）应考虑施工单位的技术特点和施工习惯及现有机械的配套使用问题。

（6）应满足工期、质量、成本和安全的要求。

(二) 施工方法的选择

在选择施工方法时，必须根据建筑结构的特点、抗震要求、工程量的大小、工期长短、资源供应情况、施工现场情况和周围环境等因素，制订出几个可行方案，在此基础上进行技术经济分析比较，以确定最优的施工方案。在制订切实可行的方案时，首先应选择影响整个单位工程施工的分部分项工程，施工技术复杂或采用新技术、新工艺的分部分项工程及对工程质量起关键性作用的分部分项工程；对于不熟悉的特殊结构工程或由专业施工单位施工的特殊专业工程，必要时应绘制出施工图，并制订出施工作业计划，提出质量要求及达到这些质量要求的技术措施，指出可能发生的问题，并制订预防措施和必要的安全措施。

通常，施工方法的选择内容如下。

（1）土石方工程。土石方工程量的计算与调配方案、土石方开挖方案及施工机械的选择、土方边坡坡度系数的确定、土壁支撑方法、地下水位降低等。

（2）基础工程。浅基础开挖及局部地基的处理、桩基础的施工及施工机械的选择、钢筋混凝土基础的施工及地下室工程施工的技术要求等。

（3）砌筑工程。脚手架的搭设及要求、垂直运输及水平运输设备的选择、砖墙砌筑的施工方法。

（4）钢筋混凝土工程。确定模板类型及支撑方法，选择钢筋的加工、绑扎及焊接的方式，选择混凝土供应、输送及浇筑的顺序和方法，确定混凝土振捣设备的类型，确定施工缝的留设位置，确定预应力钢筋混凝土的施工方法及控制应力等。

（5）结构安装。确定结构安装方法、起重机类型及开行路线、构件运输要求及堆放位置。

（6）屋面工程。确定屋面工程的施工方法及要求、确定屋面材料的运输方式等。

（7）装饰工程。选择装饰工程的施工方法及要求，确定施工工艺流程及流水施工安排。

（8）对新材料、新工艺、新技术、新结构项目施工方法的选择。

（三）施工机械的选择

选择施工机械时，首先应根据工程特点选择适宜的主导工程的施工机械（以下简称主导机械）。几种辅助机械或运输工具应与主导机械的生产能力协调配套，以充分发挥主导机械的效率（如土方工程施工中常用汽车运土，汽车的载重量应为挖土机斗容量的整数倍，汽车的数量应保证挖土机的连续工作）。在同一工地上，应力求建筑机械的种类和型号少一些，以利于机械管理。机械选择应考虑充分发挥施工单位现有机械的能力。目前，建筑工地常用的机械有土方机械、打桩机械、钢筋混凝土制作及运输机械等。

三、施工技术组织措施的制订

施工技术组织措施是指在技术、组织方面对质量、安全、成本和文明施工等所采取的保证措施。施工企业应在严格执行施工质量验收规范、操作规程的前提下，针对工程施工的特点制订下述施工技术组织措施。

（一）质量保证措施

质量保证措施一般应考虑以下几个方面。

（1）确保定位放线、标高测量等准确无误的措施。

（2）确保地基与基础、地下结构工程施工质量的措施。

（3）确保主体结构工程中关键部位施工质量的措施。

（4）确保屋面、装修工程施工质量的措施。

（5）采用新材料、新工艺、新技术、新结构施工时，为保证工程质量，制定有针对性的技术质量保证措施。

（6）常见的、易发生的质量通病的改进方法及防范措施。

（7）各种材料或构件进场使用前的质量检查措施。

（8）保证质量的组织措施，如人员培训、编制工艺卡及质量检查验收制度等。

（二）安全保证措施

安全保证措施主要从以下几个方面考虑。

（1）土石方边坡稳定及深基坑支护安全措施。

（2）施工人员高空、临边、洞口、攀登、悬空、立体交叉作业安全措施及防高空坠物伤人措施。

（3）起重运输设备防倾覆措施。

（4）安全用电和电气设备的防短路、防触电措施。

（5）易燃、易爆、有毒作业场所的防火、防爆、防毒措施。

（6）预防自然灾害措施，如防洪、防雨、防雷电、防台风、防暑降温、防冻、防寒、防滑措施等。

（7）现场周围通行道路及居民区的保护隔离措施。

（8）保证安全施工的组织措施，如安全宣传教育及检查制度等。

（三）降低成本措施

应根据工程情况，按分部分项工程逐项提出相应的降低成本措施，计算有关技术经济指标，分别列出节约工料的数量与金额数字，以便衡量降低成本的效果。降低成本措施包括以下几个方面。

（1）均衡安排劳动力，搞好各工种之间的协作关系，避免不必要的返工。

（2）合理选用机械设备，提高使用效率，节约台班费用。

（3）加强现场材料管理，严格执行限额领料和退料制度以及材料节约奖励制度，对下脚料、废料及余料等及时回收。

（4）采用新技术、新工艺，以节约材料和人工费用。如拆模板技术，大模板、滑模、爬模等成套模板工艺，钢筋焊接、机械连接技术等。

（5）预制构件应集中加工制作，尽量就近布置，避免二次搬运；构件及半成品可采用地面拼装、整体安装的方法，以节省人工费和机械费。

（四）现场文明施工措施

现场文明施工措施一般包括以下内容。

（1）设置施工现场的围栏与标牌，保证出入口的交通安全，现场整洁，道路畅通，安全与消防设施齐全。

（2）注意临时设施的规划与搭设，保证办公室、更衣室、食堂、厕所的清洁。

（3）各种材料、半成品、构件的堆放与管理有序。

（4）加强成品保护及施工机械保养。

（5）防止大气污染、水污染及噪声污染。如及时清运施工垃圾与生活垃圾，防止施工扬尘、现场道路扬尘及水泥等粉细散装材料的卸运扬尘污染，施工作业废水的沉淀处理，居民稠密区强噪声作业时间控制及降低噪声措施等。

第三节　单位工程施工进度计划编制

单位工程施工进度计划指的是控制工程施工进度和工程竣工期限等各项施工活动的实施计划。它是在既定施工方案的基础上，根据规定工期和各项资源的供应条件，按照合理的施工顺序及组织要求编制而成的，是单位工程施工组织设计的重要内容之一。

一、单位工程施工进度计划的编制依据

编制单位工程施工进度计划，主要依据下列资料。

（1）通过审批的建筑总平面图及单位工程全套施工图、地质图、地形图、工艺设计图、设备及其基础图，以及采用的各种标准图等图纸及技术资料。

（2）施工组织总设计对本单位工程的有关规定。

（3）施工工期要求及开、竣工日期。

（4）施工条件，劳动力、材料、构件及机械的供应条件，分包单位的情况。

（5）主要分部分项工程的施工方案，包括施工程序、施工段划分、施工流程、施工顺序、施工方法、技术组织措施等。

（6）施工定额。

（7）其他有关要求和资料，如工程合同。

二、单位工程施工进度计划的编制

（一）熟悉并审查施工图纸，研究相关资料，调查施工条件

施工单位项目部技术负责人员在收到施工图及取得有关资料后，应组织工程技术人员及有关施工人员全面地熟悉和审查图纸，并组织建设、监理、施工等单位有关工程技术人员进行会审，由设计单位技术人员进行技术交底，在弄清设计意图的基础上，研究有关技术资料，同时进行施工现场的勘察，调查施工条件，为编制单位工程施工进度计划做好准

备工作。

（二）划分施工项目

1. 施工项目

施工项目是包括一定工作内容的施工过程，它是单位工程施工进度计划的基本组成单元。编制单位工程施工进度计划时，首先应按照施工图和施工顺序将拟建单位工程的各施工过程列出，并结合施工方法、施工条件、劳动组织等因素，加以适当调整，使之成为编制单位工程施工进度计划所需要的施工项目。

2. 划分施工项目的范围

单位工程施工进度计划的施工项目仅包括对工期有直接影响的施工过程，一般是指在建筑物上直接施工的过程，如砌筑、安装，而对于构件的制作和运输等施工过程，则不包括在内。但是对现场就地制作的钢筋混凝土构件，它不仅单独占用工期，并且对其他施工过程有影响；或构件的运输需要与其他施工过程密切配合时，如构件采用"随运随吊"时，仍需将这些制作和运输过程列入单位工程施工进度计划中。

3. 划分施工项目应注意的几个问题

（1）施工项目划分的粗细程度，应根据单位工程施工进度计划的编制需要来决定。对于控制性施工进度计划，项目可以划分得粗一些，通常只列出分部工程，如混合结构居住房屋的控制性施工进度计划，就只列出基础工程、主体工程、屋面工程和装饰工程四个分部施工过程；而对于实施性施工进度计划及计划中的主导施工项目，项目的划分应该细一些，应明确到分项工程或更具体，以满足指导施工作业的需要，如钢筋混凝土结构工程应列出柱绑筋、柱支模、柱混凝土、梁板绑筋、梁板支模、梁板混凝土等施工项目。

（2）施工过程的划分要结合所选择的施工方案。例如结构安装工程，如果采用分件吊装法，则施工过程的名称、数量和内容及其吊装顺序按构件构架来确定，如柱子吊装、地基梁吊装、吊车梁吊装、连系梁吊装等；若采用综合吊装法，则应按吊装单元节（间或区段）来确定。

（3）适当简化施工进度计划的内容，避免施工项目划分得过细、重点不突出。对于工程量较小或在同一时期内由同一施工队组完成的施工过程可以适当合并，如基础防潮层可以合并到基础砌筑项目中，门窗框安装可以合并到墙体砌筑项目中。

（4）有技术间歇要求的项目必须单列，不能合并。如基础防潮层不能合并到一层墙体砌筑中；又如混凝土的养护虽然需要劳动量很少，但它控制构件拆模时间，所以也必须单列。

（5）对于一些次要的、零星的施工项目，如讲台砌筑、抹灰、室外花池、台阶施工等，可以合并为"其他工程"列入计划中，不计算具体时间，只根据实际情况确定其劳动量，占总劳动量的 10% ~ 20%。

（6）水、暖、电、卫等工程。在一般土建单位工程施工进度计划中只需列出专业项目名称及与土建施工的配合关系即可，对应的详细施工进度计划应该由相应的专业施工队组负责编制。

（7）所有施工项目应大致按施工顺序列成表格，编排序号，避免遗漏或重复，其名称也应参照现行的施工定额手册上的项目名称，以方便查表计算。

（三）计算工程量

计算工程量应注意以下几个问题。

（1）工程量计算单位应该与采用的施工定额中相应项目的单位一致，以便计算劳动量及材料需要量时可直接套用定额，不必进行换算。

（2）工程量计算应符合所选定的施工方法和安全技术要求，以使计算所得到的工程量与实际施工情况相符合。例如计算土方开挖量时，应考虑基础施工工作面、放坡及支撑要求，以及基础开挖方式是单独开挖还是条形开挖或是大开挖，这些都直接影响到工程量的计算结果。

（3）按照施工组织的要求，分区、分段、分层计算工程量，以便组织流水作业。若每层、每段的工程量相等或相差不大，可根据工作量总数分别除以层数、段数，以得到每层、每段上的工程量。

（4）应合理利用预算文件中的工程量，以避免重复计算。单位工程施工进度计划中的施工项目大多可以直接采用预算文件中的工程量，可以按施工过程的划分情况将预算文件中有关项目的工程量汇总得到。如"砌筑砖墙"一项的工程量，可以首先分析它包括哪些内容，然后按其所包含的内容从预算的工程量中抄出并汇总求得。施工进度计划中的有些施工项目与预算文件中的项目完全不同或局部有出入时，如计量单位、计算规则、采用定额不同时，则应根据施工中的实际情况加以修改、调整或重新计算。

（四）确定施工持续时间

1. 套用施工定额

工程量计算完毕后，即可套用施工定额，以确定劳动量和机械台班量。

（1）施工定额的形式。

①时间定额。时间定额是指某种专业、工种技术等级的工人小组或个人在合理的技术组织条件下到完成单位合格的建筑产品所必需的工作时间，一般用 Hi 表示，它的单位有工日 $/m^3$、工日 $/m^2$、工日 $/m$、工日 $/t$ 等。因为时间定额是以劳动工日数为单位，便于综合计算，所以在劳动量统计中用得比较普遍。

②产量定额。产量定额是指在合理的技术组织条件下，某种专业、某种技术等级的工人小组或个人在单位时间内所应该完成的合格建筑产品的数量，一般用 Si 表示，它的单位有 m^3/ 工日、m^2/ 工日、m/ 工日、t/ 工日等。因为产量定额是以建筑产品的数量来表示的，具有形象化的特点，故在分配施工任务时用得比较普遍。

（2）套用定额应注意的问题。

套用国家或地方颁发的定额，必须注意结合本单位工人的技术等级、实际施工操作水平、施工机械情况和施工现场条件等因素，确定完成定额的实际水平，使计算出来的劳动量、机械台班量符合实际需要，为准确编制单位工程施工进度计划打下基础。

有些采用新技术、新材料、新工艺或特殊施工方法的项目，施工定额尚未编入，这时可参考类似项目的定额和经验资料，或按实际情况确定。

2. 确定劳动量和机械台班量

劳动量和机械台班量应根据各分部分项工程的工程量、施工方法和现行的施工定额，并结合具体情况确定。

（1）基本计算公式：

$$P=Q/S$$

$$P=QH$$

式中：P——完成某施工过程所需的劳动量工（日）或机械台班量台（班）；

    Q——某施工过程的工程量；

    S——某施工过程的产量定额；

    H——某施工过程的时间定额。

（2）特殊情况的处理。

①当施工项目为合并项目时，各子项目的施工定额不同，可用其定额的加权平均值来确定其劳动量或机械台班量。

②对于有些采用新技术、新材料、新工艺和特殊施工方法的施工项目，其定额在施工定额手册中未列，可用参考类似项目，或采用实测的办法确定。

③对于"其他工程"项目所需劳动量，可根据其内容和数量，并结合施工现场的具体情况，以占总劳动量的百分比（一般为 10% ~ 20%）计算。

④水、暖、电、卫设备安装工程项目，一般不计算劳动量和机械台班量，只安排与一般土建单位工程配合的进度。

（3）机械施工过程劳动量的计算。

对于机械完成的施工过程计算出台班量后，还应根据配合机械作业的人数计算出劳动量。

3.确定各项目的施工持续时间

项目施工持续时间的计算方法一般有定额计算法、经验估计法和倒排计划法。

（1）定额计算法。

这种方法就是根据施工项目需要的劳动量和机械台班量，以及配备的施工人数和机械台数，确定其工作的持续时间。

在安排每班工人数和机械台数时，应综合考虑各施工过程的工人班组中的每个技术工人和每台机械都应有足够的工作面（不能少于最小工作面），以发挥效率并保证施工安全；还应考虑各施工过程在进行正常施工时所必需的最低限度的工人班组人数及其合理组合（不能小于最小劳动组合），以达到最高的劳动生产率。

（2）经验估计法。

对于采用新工艺、新技术、新材料的施工过程，若没有合适的定额数据，则可根据过去的施工经验并按照实际的施工条件来估算施工过程的施工持续时间。为了提高估计的准确程度，往往采用"三时估计法"，即先估计出该项目的最长、最短和最可能的三种施工持续时间，然后据以求出期望的施工持续时间作为该施工过程的施工持续时间。

（3）倒排计划法。

当工程总工期比较紧张时，可以采用倒排计划法。首先根据规定的总工期和施工经验，确定各分部分项工程的施工持续时间，然后再确定各分部分项工程需要的劳动量和机械台班量，确定每一分部分项工程每个工作班组所需要的施工人数和机械台数。

确定施工持续时间，通常先按一班制考虑，如果每天所需要的施工人数和机械台数已经超过了施工单位现有人力、物力和工作面的限制，则需要根据具体情况和条件从技术和施工组织上采取积极有效的措施，如增加工作班次、最大限度地组织立体交叉平行流水施工、加早强剂提高现浇混凝土的早期强度。

(五) 编制单位工程施工进度计划的初始方案

流水施工是组织施工、编制单位工程施工进度计划的主要方式，在项目 3 中已做了详细介绍。在编制单位工程施工进度计划时，必须考虑各分部分项工程合理的施工顺序，尽可能组织流水施工，力求使主要工种的施工班组能连续施工，其具体方法如下。

1. 首先组织主要施工阶段 (分部工程) 流水施工

先安排主导施工过程的施工进度，使其尽可能连续施工，其他施工过程尽可能与主导施工过程紧密配合，组织穿插、搭接或流水施工。例如，砖混结构房屋中的主体结构分部工程，其主导施工过程是砖墙砌筑和钢筋混凝土楼盖施工；现浇钢筋混凝土框架结构房屋中的主体结构分部工程，其主导施工过程为支模板、绑钢筋和浇筑混凝土。

2. 安排其他施工阶段 (分部工程) 的施工进度

按照与主要施工阶段相配合的原则，安排其他施工阶段的进度计划，如尽量采用与主导施工阶段相同的流水参数，保证主要施工阶段流水施工的合理性。

3. 搭接各施工阶段的进度计划

按照工艺的合理性和施工过程间尽可能配合、穿插、搭接的原则，将各施工阶段 (分部工程) 的流水作业图表搭接起来，即得到了单位工程施工进度计划的初始方案。

(六) 单位工程施工进度计划的检查与调整

检查与调整的目的在于使单位工程施工进度计划的初始

方案满足规定的目标，一般从以下几个方面进行检查与调整。

1. 正确性及合理性。

各施工过程的施工顺序是否正确，流水施工的组织方法应用是否正确，技术间歇是否合理。

2. 工期要求。

初始方案的总工期是否满足合同工期的要求。

3. 劳动力使用状况。

主要工种工人是否连续施工，劳动力消耗是否均匀。

劳动力消耗的均匀性是针对整个单位工程的各个工种而言的，应力求每天出勤的工人人数不发生过大的变化。

为了反映劳动力消耗的均匀性，通常采用劳动力消耗动态图来表示。单位工程的劳动力消耗动态图一般绘制在单位工程施工进度计划表格右边部分的下方。

劳动力消耗的均匀性指标可采用劳动力均衡系数（K）来评估。

$$K= 高峰出工人数 / 平均出工人数$$

最理想的情况是劳动力均衡系数 K 接近于 1。劳动力均衡系数 K 在 2 以内为较好，超过 2 则不正常。

4. 物资方面。

主要机械、设备、材料的利用是否均衡，施工机械是否充分利用。主要机械通常是指混凝土搅拌机、灰浆搅拌机、起重机和挖土机械，利用情况是通过机械的利用程度来反映的。

初始方案通过检查，对不符合要求的需要进行调整。调整方法一般有：增加或缩短某些生产过程的施工持续时间；在符合工艺关系的条件下，将某些生产过程的施工时间向前或向后移动；必要时，还可以改变施工方法。

应当指出，上述编制单位工程施工进度计划的步骤不是孤立的，而是相互依赖、相互联系的，有的可以同时进行。还应看到，由于建设施工是一个复杂的施工过程，受客观条件影响的因素多，在施工过程中，由于劳动力和机械、材料等物资的供应以及自然条件等因素的影响，施工经常不符合原计划的要求，因而在工程进展中应随时掌握施工动态，经常检查，不断调整计划，只有这样才能真正发挥计划的指导作用。

第四节　资源需要量计划

单位工程施工进度计划编制后，即可着手编制各项资源需要量计划。这些计划是单位工程施工组织设计的组成部分，是做好各种资源供应、调度、平衡、落实的依据，一般包括以下几个方面的需要量计划。

一、劳动力需要量计划

劳动力需要量计划是确定暂设工程规模和组织劳动力进场的依据，根据施工预算、施工定额和进度计划编制，主要反映工程施工所需各种技工、普工人数，用于控制劳动力平衡和调配。其编制方法是将单位工程施工进度计划表格上每天施工项目所需工人按工种分别统计，得出每天所需工种及其人数，再按时间进度要求进行汇总。

二、主要材料需要量计划

主要材料需要量计划是用作施工备料、供料、确定仓库和堆场面积及做好运输组织工作的依据。其编制方法是根据单位工程施工进度计划、施工预算中的工料分析表及材料消耗定额、储备定额进行汇总。

三、构件和半成品构件需要量计划

构件和半成品构件需要量计划主要用于落实加工订货单位，并按所需规格、数量和时间组织加工、运输及确定仓库和堆场。其编制方法是根据施工图和单位工程施工进度计划进行汇总。

四、施工机械需要量计划

施工机械需要量计划主要是确定施工机械的类型、规格、数量及使用时间，并组织其进场，为施工的顺利进行提供有力保障。其编制方法是将单位工程施工进度计划中的每一个施工过程所用的机械类型、规格、数量，按施工日期进行汇总。在安排施工机械进场时间时，应考虑某些机械如（塔式起重机等）需要铺设轨道、拼装和架设的时间。

第五节 单位工程施工平面图设计

单位工程施工平面图是对拟建工程的施工现场所做的平面布置图，是施工组织设计中的重要组成部分，合理的单位工程施工平面图不但可以使施工顺利地进行，同时也能起到合理地使用场地、减少临时设施费用、文明施工的目的。

一、单位工程施工平面图的设计依据

单位工程施工平面布置图设计是在工程项目部施工设计人员勘查现场，取得现场周围环境第一手资料的基础上，依据下列详细资料并按施工方案和单位工程施工进度计划的要求进行设计的。

（1）建筑、结构设计和单位工程施工组织设计时所依据的有关拟建工程的当地原始资料，主要包括自然条件调查资料和技术经济调查资料。

（2）建筑设计资料，主要包括建筑总平面图，一切已建和拟建的地下、地上管道位置，建筑区域的竖向设计和土方平衡图，以及拟建工程的有关施工图设计资料。

（3）施工资料，主要包括单位工程施工进度计划，从中可了解各个施工阶段的情况，以便分阶段布置施工现场和施工方案，据此可确定垂直运输机械和其他施工机械的位置、数量和规划场地，以及各种材料、构件、半成品等需要量计划，以便确定仓库和堆场的面积、形式和位置。

二、单位工程施工平面图的设计原则

（1）在保证施工顺利进行的前提下，现场布置应尽量紧凑、节约用地。

（2）合理布置施工现场的运输道路及各种材料堆场、加工厂、仓库、各种施工机械的位置；尽量使运距最短，从而减少或避免二次搬运。

（3）力争减少临时设施的数量，降低临时设施的费用。

（4）临时设施的布置应尽量便利工人的生产和生活，使工人至施工区的距离最短，往返时间最少。

（5）符合环保、安全和防火要求。

三、单位工程施工平面图的设计内容

单位工程施工平面图（施工平面布置）是在拟建工程的建筑平面上（包括周围环境），布置为施工服务的各种临时建筑、临时设施及材料、施工机械等，是施工方案在现场的空间体现。它反映已有建筑与拟建工程间、临时建筑与临时设施间的相互空间关系。施工平面布置得恰当与否，执行得好与不好，对现场的施工组织、文明施工，以及施工进度、工程成本、工程质量和安全都将产生直接的影响。单位工程施工平面图一般需分施工阶段来编制，如基础阶段施工平面图、主体结构阶段施工平面图、装修阶段施工平面图等。单位工程施工平面图按照规定的图例进行绘制，一般比例为 1：200 或

1：500。

单位工程施工平面图具体包括以下内容。

（1）施工场地状况，包括施工入口、施工围挡、与场外道路的衔接；建筑总平面上已建和拟建的地上和地下的一切建构筑物及其他设施的位置、轮廓尺寸、层数等。

（2）生产性及生活性临时设施、材料和构件堆场的位置和面积。

（3）大型施工机械及垂直运输设施的位置，临时水电管网、排水排污设施和临时施工道路的布置等。

（4）施工现场的安全、消防、保卫和环境保护设施。

（5）相邻的地上、地下既有建构筑物及相关环境。

四、单位工程施工平面图的设计

（一）垂直运输机械的布置

垂直运输机械的布置直接影响仓库、堆场、砂浆和混凝土搅拌站的布置，首先应决定垂直运输机械的布置。由于不同的垂直运输机械的性能及使用要求不同，其平面布置的位置也不相同，下面主要介绍塔式起重机。

塔式起重机的布置，主要根据房屋形状、平面尺寸、现场环境条件、所选用的起重机性能及所吊装的构件质量等因素来确定。一般有单侧布置、双侧或环形布置、跨内单行布置和跨内环形布置几种布置方案。

1. 单侧布置

当房屋平面宽度较小，构件也较轻时，塔式起重机可单侧布置。一般应在场地较宽的一面沿建筑物长向布置。其优点是轨道长度较短，并有较为宽敞的场地堆放材料和构件。其起重半径应满足以下条件。即：

$$R \geqslant B+A$$

式中：R——塔式起重机的最大回转半径（m）；

B——建筑物平面的最大宽度（m）；

A——建筑物外墙皮至塔轨中心线的距离。一般当无阳台时，A＝安全网宽度＋安全网外侧至轨道中心线距离；当有阳台时，A＝阳台宽度＋安全网宽度＋安全网外侧至轨道中心线距离。

2. 双侧布置

当建筑物平面宽度较大或构件较大，单侧布置起重力矩满足不了构件的吊装要求时，起重机可双侧布置，每侧各布置一台起重机，其起重半径应满足以下条件。即：

$$R \geqslant B/2+A$$

式中：R——塔式起重机的最大回转半径（m）；

B——建筑物平面的最大宽度（m）；

A——建筑物外墙皮至塔轨中心线的距离。一般当无阳台时，A＝安全网宽度＋安全网外侧至轨道中心线距离；当有阳台时，A＝阳台宽度＋安全网宽度＋安全网外侧至轨道中心线距离。

3. 环形布置

如果工程量不大，工期不紧，两侧各布置一台塔式起重机将造成机械上的浪费，因此可环形布置，仅布置一台塔式起重机就可兼顾两侧的运输。

4. 跨内单行布置和跨内环形布置

当建筑物四周场地狭窄，起重机不能布置在建筑物外侧，或者由于构件较重、房屋较宽，起重机布置在外侧满足不了吊装所需要的力矩时，可将起重机布置在跨内，其布置方式有跨内单行布置和跨内环行布置两种。

（二）搅拌站、仓库、材料和构件堆场及加工厂的布置

搅拌站、仓库、材料和构件堆场及加工厂的位置应尽量靠近使用地点或在塔式起重机服务范围内，并考虑运输和装卸料的方便。

1. 搅拌站的布置

（1）为了减少混凝土及砂浆运距，搅拌站应尽可能布置在垂直运输机械附近。当选择塔式起重机方案时，其出料斗应在塔式起重机服务半径以内，以直接挂钩起吊为最佳。

（2）搅拌机的布置位置应考虑运输方便，所以附近应布置道路，以便砂石进场及拌合物的运输。

（3）搅拌机的布置位置应考虑后台有上料的场地，搅拌站所用材料（泥、砂、石）及水泥罐等都应布置在搅拌机后台附近。

（4）有特大体积混凝土施工时，搅拌机应尽可能靠近使用地点。

（5）混凝土搅拌机每台所需面积约 $25m^2$，冬期施工时，考虑保温与供热设施等每台所需面积约 $50m^2$；砂浆搅拌机每台所需面积约 $15m^2$，冬期施工时每台所需面积约 $30m^2$。

2. 仓库、材料和构件堆场的布置

（1）仓库的布置。水泥仓库应选择地势较高、排水方便、靠近搅拌机的地方。各种易燃易爆物品或有毒物品的仓库，应与其他物品隔开存放，室内应有良好的通风条件，存储量不宜过多。

（2）材料和构件堆场的布置。各种材料和构件堆场的面积应根据其用量大小、使用时间长短、供应与运输情况等计算确定。材料和构件堆放应尽量靠近使用地点，减少或避免二次搬运，并考虑运输及卸料方便。如砂、石尽可能布置在搅拌机后台附近，不同粒径规格的砂、石应分别堆放。预制构件的堆放位置应根据吊装方案，考虑吊装顺序，先吊的放在上面，后吊的放在下面。

仓库或材料和构件堆场的面积可按下式计算：

$$F=q/pk$$

式中：F——仓库或材料和构件堆场的面积；

　　　q——材料储备量，材料储备量 =（计划期材料需要量 / 需用该材料的施工天数）× 储备天数；

　　　p——每平方米仓库或材料和构件堆场面积上可存放的材料数量；

　　　k——仓库或材料和构件堆场面积利用系数（考虑到人行道和车道所占面积）。

3. 加工厂的布置

（1）木材、钢筋、水电卫安装等加工棚宜设置在建筑物四周稍远处，并有相应的材料及成品堆场，钢筋加工场地应尽可能设在起重机服务范围之内，避免二次搬运，而木材加工厂应根据其加工特点，选在远离火源的地方。

（2）石灰及淋灰池可根据情况布置在砂浆搅拌机附近。

（3）沥青灶应选择较空的场地，远离易燃易爆仓库和堆场，并布置在施工现场的下风向。

（三）现场运输道路的布置

现场运输道路应尽量利用永久性道路，或先建好永久性道路的路基供施工期使用，在土建工程结束前铺好路面，节省费用。道路要保证车辆行驶通畅，最好能环绕建筑物布置成环形道路，路宽不小于3.5m，单车道转弯半径为9～12m，双车道转弯半径为7m。

（四）临时设施的布置

临时设施分为生产性临时设施（钢筋加工棚、木工棚、水泵房等）和生活性临时设施（办公室、食堂、浴室等），布置时应以使用方便、有利施工、合并搭建、符合安全为原则。

（1）生产设施等的位置，宜布置在建筑物四周稍远位置，且应有一定的材料、成品堆放场地。

（2）办公室应靠近施工现场，设在工地入口处。工人休息室应靠近工人作业区，宿舍应布置在安全的上风侧，收发室宜布置在入口处等。

建筑装饰施工工地人数确定后，就可按实际经验或面积指标计算出建筑面积。其计算公式如下：

$$S=NP$$

式中：S——建筑面积（m^2）；

　　　N——人数；

　　　P——建筑面积指标。

第四章 建设工程组织协调

第一节 组织的基本原理(组织论)

工程项目组织的基本原理就是组织论,它是关于组织应当采取何种组织结构才能提高效率的观点、见解和方法的集合。组织论主要研究系统的组织结构模式和组织分工,以及工作流程组织,它是人类长期实践的总结,是管理学的重要内容。

一般认为,现代的组织理论研究分为两个相互联系的分支学科,一是组织结构学,它主要侧重于组织静态研究,目的是建立一种精干、高效、合理的组织结构;二是组织行为学,它侧重于组织动态的研究,目的是建立良好的组织关系。本节主要介绍组织结构学的内容。

一、组织与组织构成因素

(一)组织

"组织"一词的含义比较宽泛,在组织结构学中,它表示结构性组织,是为了使系统达到特定目标而使全体参与者经分工协作及设置不同层次的权力和责任制度构成的一种组合体，如项目组织、企业组织等。组织包含3个方面的意思：

（1）目标是组织存在的前提；

（2）组织以分工协作为特点；

（3）组织具有一定层次的权力和责任制度。

工程项目组织是指为完成特定的工程项目任务而建立起来的，从事工程项目具体工作的组织。该组织是在工程项目建设期内临时组建的，是暂时的，只是为完成特定的目的而成立。工程项目中，由目标产生工作任务，由工作任务决定承担者，由承担者形成组织。

（二）组织构成因素

一般来说，组织由管理层次、管理跨度、管理部门、管理职能四大因素构成，呈上小下大的形式，四大因素密切相关、相互制约。

1. 管理层次

管理层次是指从组织的最高管理者到最基层的实际工作人员的等级层次的数量。管理层次可以分为3个层次，即决策层、协调层和执行层、操作层，3个层次的职能要求不同，代表的职责和权限也不同，由上到下权责递减，人数却递增。组织必须形成一定的管理层次，否则其运行将陷于无序状态；管理层次也不能过多，否则会造成资源和人力的巨大浪费。

2. 管理跨度

管理跨度是指一个主管直接管理下属人员的数量。在组织中，某级管理人员的管理跨度大小直接取决于这一级管理人员所要协调的工作量，跨度大，处理人与人之间关系的数量会随之增大。跨度太大时，领导者和下属接触的频率会太高。

在组织结构设计时，必须强调跨度适当。跨度的大小又和分层多少有关。一般来说，管理层次增多，跨度会小；反之，层次少，则跨度会大。

3. 管理部门

按照类别对专业化分工的工作进行分组，以便对工作进行协调，即为部门化。部门可以根据职能来划分，可以根据产品类型来划分，可以根据地区来划分，也可以根据顾客类型来划分。组织中各部门的合理划分对发挥组织效能非常重要，如果划分不合理，就会造成控制、协调困难，从而浪费人力、物力、财力。

4. 管理职能

组织机构设计确定的各部门的职能，在纵向要使指令传递、信息反馈及时，在横向要使各部门相互联系、协调一致。

组织结构设计。

组织结构就是指在组织内部构成和各部门间所确定的较为稳定的相互关系和联系方式。简单地说就是指对工作如何进行分工、分组和协调合作。组织结构设计是对组织活动和组织结构的设计过程，目的是提高组织活动的效能，是管理者在建立系统有效关系中的一种科学的、有意识的过程，既要考虑外部因素，又要考虑内部因素。组织结构设计通常要考虑下列 6 项基本原则。

①工作专业化与协作统一。强调工作专业化的实质就是要求每一个人专门从事工作活动的一部分，而不是全部。通过重复性的工作，使员工的技能得到提高，从而提高组织的运行效率；在组织机构中还要强调协作统一，就是明确组织机构内部各部门之间和各部门内部的协调关系和配合方法。

②才职相称。通过考察个人的学历与经历或其他途径，了解其知识、才能、气质、经验，进行比较，使每个人具有的和可能具有的才能与其职务上的要求相适应，做到才职相称，才得其用。

③命令链。命令链是指存在于从组织的最高层到最基层的一种不间断的权力路线。每个管理职位对应着一定的人，每个人在命令链中都有自己的位置；同时，每个管理者为完成自己的职责任务，都要被授予一定的权力。也就是说，一个人应该只对一个主管负责。

④管理跨度与管理层次相统一。在组织结构设计的过程中，管理跨度和管理层次成反比关系。在组织机构中当人数一定时，如果跨度大，层次则可适当减少；反之，如果跨度缩小，则层次就会增多。所以，在组织设计的过程中，一定要全面考虑各种影响因素，科学确定管理跨度和管理层次。

⑤集权与分权统一。在任何组织中，都不存在绝对的集权和分权。从本质上来说，这是一个决策权应该放在哪一级的问题。高度的集权会造成盲目和武断，过分的分权则会导致失控、不协调。所以，在组织结构设计中，是否在相应的管理层次采取集权或分权的形式要根据实际情况来确定。

⑥正规化。正规化是指组织中的工作实行标准化的程度，通过提高标准化的程度来提高组织的运行效率。

二、组织机构活动基本原理

(一) 要素有用性原理

一个组织系统中的基本要素有人力、财力、物力、信息、时间等，这些要素都是必要的，但每个要素的作用大小是不一样的，而且会随着时间、场合的变化而变化。所以在组织活动过程中应根据各要素在不同的情况下的不同作用进行合理安排、组合和使用，做到人尽其才、财尽其利、物尽其用，尽最大可能提高各要素的利用率。

一切要素都有用，这是要素的共性。然而要素除了有共性外，还有个性。比如同样是工程师，由于专业、知识、经验、能力不同，各人所起的作用就不相同。所以，管理者要具体分析各个要素的特殊性，以便充分发挥每一要素的作用。

（二）动态相关性原理

组织系统内部各要素之间既相互联系，又相互制约；既相互依存，又相互排斥。这种相互作用的因子叫作相关因子，充分发挥相关因子的作用，是提高组织管理效率的有效途径。事物在组合过程当中，由于相关因子的作用，可以发生质变，一加一可以等于二，也可以大于二，还可以小于二，整体效应不等于各局部效应的简单相加，这就是动态相关性原理。组织管理者的重要任务就在于使组织机构活动的整体效应大于各局部效应之和，否则，组织就没有存在的意义了。

（三）主观能动性原理

人是生产力中最活跃的因素，因为人是有生命的、有感情的、有创造力的。人会制造工具，会使用工具劳动并在劳动中改造世界，同时也在改造自己。组织管理者应该充分发挥人的主观能动性，只有当主观能动性发挥出来时才会取得最佳效果。

（四）规律效应性原理

规律是客观事物内部的、本质的、必然的联系。一个成功的管理者应懂得只有努力揭示和掌握管理过程中的客观规律，按规律办事，才能取得好的效应。

第二节　建设工程监理委托模式与实施程序

一、建设工程监理委托模式

建设工程监理委托模式的选择与建设工程组织管理模式密切相关，监理委托模式对建设工程的规划、控制、协调起着重要作用。工程中常见的监理委托模式有以下几种。

（一）平行承发包模式条件下的监理委托模式

与建设工程平行承发包模式相适应的监理委托模式有以下两种主要形式。

1. 业主委托一家监理企业监理

这种监理委托模式是指业主只委托一家监理企业为其提供监理服务。这种委托模式要求被委托的监理企业具有较强的合同管理与组织协调能力，并能全面做好规划工作。监理企业的项目监理机构可以组建多个监理分支机构对各承建单位分别实施监理。在具体的监理过程中，项目总监理工程师应重点做好总体协调工作，加强横向联系，保证建设工程监理工作的有效运行。

2. 业主委托多家监理企业监理

这种监理委托模式是指业主委托多家监理企业为其提供监理服务。如果用这种委托模式，业主分别委托几家监理企业针对不同的承建单位实施监理。由于业主分别与多个监理单位签订委托监理合同，所以各监理单位之间的相互协作与配合需要由业主进行协调。采用这种监理委托模式，监理企业的监理对象相对单一，便于管理。但整个工程的建设监理工作被肢解，各监理企业各负其责，缺少一个对建设工程进行总体规划与协调控制的监理企业。因此，业主的协调工作量较大。

3. 业主委托"总监理工程师单位"进行监理的模式

为了克服上述不足，在某些大中型项目的监理实践中，业主首先委托一个"总监理工程师单位"总体负责建设工程的总规划和协调控制，再由业主和"总监理工程师单位"共同选择几家监理企业分别承担不同合同段的监理任务。在监理工作中，由"总监理工程师单位"负责协调、管理各监理单位的工作，大大减轻了业主的管理压力。

(二) 设计或施工总分包模式条件下的监理委托模式

对设计或施工总分包模式，业主可以委托一家监理企业提供实施阶段全过程的监理服务。也可以按照设计阶段和施工阶段分别委托监理单位。前者的优点是监理企业可以对设计阶段和施工阶段的工程投资、进度、质量控制统筹考虑，合理进行总体规划协调，可以使监理工程师掌握设计思路与设计意图，有利于实施阶段的监理工作。后者的优点是各监理企业可以各自发挥自己的优势。

(三) 项目总承包模式条件下的监理委托模式

在项目总承包模式下，由于业主和总承包单位签订的是总承包合同，业主应委托一家监理单位提供监理服务。在这种模式条件下，监理工作时间跨度大，监理工程师应具备较全面的知识，重点做好合同管理工作。虽然总承包单位对承包合同承担乙方的最终责任，但分包单位的资质、能力直接影响着工程质量、进度等目标的实现，所以在这种模式条件下，监理工程师必须做好对分包单位资质的审查、确认工作。

二、建设工程监理实施程序

(一)确定项目总监理工程师，成立项目监理机构

监理单位应根据建设工程的规模、性质、业主对监理的要求，委派称职的人员担任项目总监理工程师，代表监理单位全面负责该工程的监理工作。

一般情况下，监理单位参与工程监理的投标、拟定监理方案(大纲)以及与业主商签委托监理合同时，应选派称职的人员主持该项工作。在监理任务确定并签订委托监理合同后，该主持人即可作为项目总监理工程师。这样，项目的总监理工程师在承接任务阶段便可早早介入，从而更能了解业主的建设意图和对监理工作的要求，并能与后续工作更好地衔接。总监理工程师是一个建设工程监理工作的总负责人，他对内向监理单位负责，对外向业主负责。

按照《建设工程监理规范》(GB/T 50319—2013)的规定，项目监理机构的组织形式和规模，应当根据建设工程监理合同约定的服务内容、服务期限，以及工程特点、规模、技术复杂程度、环境等因素确定。监理机构的人员构成是监理投标书中的重要内容，监理人员由总监、专业监理工程师和监理员组成，且专业配套，数量满足监理工作需要，必要时可设总监代表。工程监理单位在建设工程监理合同签订以后，

应及时把项目监理机构的组织形式、人员构成及对总监的任命书面通知建设单位。

（二）制定监理实施细则

在监理规划的指导下，对采用新材料、新工艺、新技术、新设备的工程，以及专业性较强、危险性较大的分部分项工程，应由专业监理工程师在相应工程施工前制定监理实施细则，并报送总监理工程师审批。

（三）规范化地开展监理工作

监理工作的规范化体现在以下几个方面。

（1）工作的时序性。这是指监理的各项工作都应按一定的逻辑顺序先后展开，从而使监理工作能有效地达到目标而不致造成工作状态的无序和混乱。

（2）职责分工的严密性。建设工程监理工作是由不同专业、不同层次的专家群体共同完成的，他们之间严密的职责分工是协调进行监理工作的前提和实现监理目标的重要保证。

（3）工作目标的确定性。在职责分工的基础上，每一项监理工作的具体目标都应是确定的，完成的时间也应有时限规定，从而能通过报表资料对监理工作及其效果进行检查和考核。

（四）参与验收，签署建设工程监理意见

建设工程施工完成以后，监理企业应在正式验收前组织竣工预验收，在预验收中发现的问题，应及时与施工单位沟通，提出整改要求。监理企业应参加业主组织的工程竣工验收，签署监理企业意见。

（五）向业主提交建设工程监理档案资料

建设工程监理工作完成后，监理单位向业主提交的监理

档案资料应在委托监理合同文件中约定。不管在合同中是否做出明确规定，监理单位提交的资料应符合有关规范规定的要求，一般应包括：设计变更资料、工程变更资料、监理指令性文件、各种签证资料等档案资料。

（六）监理工作总结

监理工作完成后，项目监理机构应及时从两方面进行监理工作总结。

（1）向业主提交的监理工作总结，其主要内容包括：工程概况、项目监理机构、建设工程监理合同履行情况、监理工作成效、监理工作中发现的问题及其处理情况、说明和建议等内容。

（2）向监理单位提交的监理工作总结，其主要内容包括：①监理工作的经验，可以是采用某种监理技术、方法的经验，也可以是采用某种经济措施、组织措施的经验，以及委托监理合同执行方面的经验或如何处理好与业主、承包单位关系的经验等；②监理工作中存在的问题及改进建议。监理单位受业主委托对建设工程实施监理时，应遵守以下基本原则。

1. 公平、独立、诚信、科学的原则

监理工程师在建设工程监理中必须尊重科学、尊重事实，组织各方协同配合，维护有关各方的合法权益。为此，必须坚持公平、独立、诚信、科学的原则。业主与承建单位虽然都是独立运行的经济主体，但他们追求的经济目标有差异，监理工程师应在按合同约定的权、责、利关系的基础上，协调双方的一致性。因此，工程监理单位在实施建设工程监理与相关服务时，要公平处理工作中出现的问题，独立地进行判断和行使职权，科学地为建设单位提供专业化服务，既要

维护建设单位的合法权益，也不能损害其他有关单位的合法权益。只有按合同的约定建成工程，业主才能实现投资的目的，承建单位也才能实现自己生产的产品的价值，取得工程款和实现盈利。

2. 权责一致的原则

监理工程师承担的职责应与业主授予的权限相一致。监理工程师的监理职权，依赖于业主的授权。这种权力的授予，除体现在业主与监理单位之间签订的委托监理合同之中，还应作为业主与承建单位之间建设工程合同的合同条件。因此，监理工程师在明确业主提出的监理目标和监理工作内容要求后，应与业主协商，明确相应的授权，达成共识后明确反映在委托监理合同中及建设工程合同中。据此，监理工程师才能开展监理活动。

总监理工程师代表监理单位全面履行建设工程委托监理合同，承担合同中确定的监理方向业主方所承担的义务和责任。因此，在委托监理合同实施中，监理单位应给总监理工程师充分授权，体现权责一致的原则。

3. 总监理工程师负责制的原则

总监理工程师是工程监理全部工作的负责人。要建立和健全总监理工程师负责制，就要明确权、责、利之间的关系，健全项目监理机构，具有科学的运行制度和现代化的管理手段，形成以总监理工程师为首的高效能的决策指挥体系。

总监理工程师负责制的内涵包括以下几个方面。

（1）总监理工程师是工程监理的责任主体。责任是总监理工程师负责制的核心，它构成了对总监理工程师的工作压力与动力，也是确定总监理工程师权力和利益的依据。所以总监理工程师应是向业主和监理单位所负责任的承担者。

（2）总监理工程师是工程监理的权力主体。根据总监理工程师承担责任的要求，总监理工程师全面领导建设工程的监理工作，包括组建项目监理机构，主持编制建设工程监理规划，组织实施监理活动，对监理工作进行总结、监督、评价。

4. 严格监理、热情服务的原则

严格监理是指各级监理人员严格按照国家政策、法规、规范、标准和合同控制建设工程的目标，依照既定的程序和制度，认真履行职责，对承建单位进行严格监理。

监理工程师还应为业主提供热情的服务，由于业主一般不熟悉建设工程管理与技术业务，监理工程师应按照委托监理合同的要求多方位、多层次地为业主提供良好的服务，维护业主的正当权益。但是，也不能因此而一味地向各承建单位转嫁风险，从而损害承建单位的正当经济利益。

第三节　项目监理组织机构形式及人员配备

一、项目监理机构的组织结构设计

（一）选择组织结构形式

由于建设工程规模、性质、建设阶段等的不同，结合组织结构原理，设计项目监理机构的组织结构时应选择适宜的组织结构形式以适应监理工作的需要。组织结构形式选择的基本原则是：有利于工程合同管理，有利于监理目标控制，有利于决策指挥，有利于信息沟通。

（二）确定管理层次和管理跨度

项目监理机构中一般应有 3 个层次。

（1）决策层。由总监理工程师和其他助手组成，主要根据建设工程委托监理合同的要求和监理活动内容进行科学化、程序化的决策与管理。

（2）中间控制层（协调层和执行层）。由各专业监理工程师组成，具体负责监理规划的落实，监理目标的控制及合同实施的管理。

（3）作业层（操作层）。主要由监理员、检查员等组成，具体负责监理活动的操作实施。项目监理机构中管理跨度的确定应考虑监理人员的素质、管理活动的复杂性和相似性、监理业务的标准化程度、各项规章制度的建立健全情况、建设工程的集中或分散情况等，按监理工作实际需要确定。

（三）划分项目监理机构部门

项目监理机构中合理划分各职能部门，应依据监理机构目标、监理机构可利用的人力和物力资源以及合同结构情况，将造价控制、进度控制、质量控制、合同管理、组织协调等监理工作内容按不同的职能活动或按子项目分解形成相应的职能管理部门或子项目管理部门。

（四）制定岗位职责和考核标准

岗位职务及职责的确定，要有明确的目的性，不可因人设事，根据责权一致的原则，应进行适当的授权，以承担相应的职责，并应确定考核标准。对监理人员的工作进行定期考核，包括考核内容、考核标准及考核时间。

（五）安排监理人员

根据监理工作的任务，确定监理人员的合理分工，包括专业监理工程师和监理员，必要时可配备总监理工程师代表。监理人员的安排除应考虑个人素质外，还应考虑人员总体构成的合理性与协调性。我国《建设工程监理规范》（GB/T 50319—2013）规定：项目总监理工程师应由注册监理工程师担任；总监理工程师代表应由具有工程类注册执业资格或具有中级及以上专业技术职称3年及以上工程监理工作经验的人员担任；专业监理工程师应由具有工程类注册执业资格或具有中级及以上专业技术职称且具有2年及以上工程监理工作经验的人员担任。项目监理机构的监理人员应专业配套，数量满足建设工程监理工作的需要。

二、项目监理组织常用形式

监理单位受项目法人委托，对具体的工程项目实施监理，必须建立实施监理工作的组织即为监理组织机构。项目监理组织形式有多种，常用的基本组织结构形式有以下4种。

（一）直线制项目监理组织

直线制是早期采用的一种项目管理形式，来自军事组织系统，它是一种线性组织结构，其本质就是使命令线性化。整个组织自上而下实行垂直领导，不设职能机构，可设职能人员协助主管人员工作，主管人员对所属单位的一切问题负责。其特点是：权力系统自上而下形成直线控制，权责分明。图中监理组可以是子项目监理组；也可以是分阶段的监理组，如设计阶段或施工阶段；还可以是按专业内容的分组，如结构工程监理组、水暖电监理组、装饰工程监理组。

1.直线制项目监理组织形式的应用

通常独立的项目和单个的中小型工程项目都采用直线制组织形式。这种组织结构形式与项目的结构分解图有较好的对应性。

2.直线制项目监理组织形式的优点

（1）保证单头领导，每个组织单元仅向一个上级负责，一个上级对下级直接行使管理和监督的权力即直线职权，一般不能越级下达指令。项目参加者的工作任务、责任、权力明确，指令唯一，这样可以减少扯皮和纠纷，协调方便。

（2）具有独立的项目组织的优点。尤其是项目总监能直接控制监理组织资源，向业主负责。

（3）信息流通快，决策迅速，项目容易控制。

（4）项目任务分配明确，职责权利关系清楚。

3.直线制项目监理组织形式的缺点

（1）当项目比较多、比较大时，每个项目对应一个组织，监理企业资源可能无法达到合理使用。

（2）项目总监责任较大，一切决策信息都集中于项目总监处，这要求项目总监能力强、知识全面、经验丰富，是一个"全能式"人物，否则决策较难、较慢，容易出错。

（3）不能保证项目监理参与单位之间信息流通速度和质量。

（4）监理企业的各项目间缺乏信息交流，项目之间的协调、企业的计划和控制比较困难。

（二）职能制监理组织

职能制组织形式是在泰勒的管理思想基础上发展起来的

一种项目组织形式，是一种传统的组织结构模式，它特别强调职能的专业分工，组织系统是以职能为划分部门的基础，把管理的职能授权给不同的管理部门。这种监理组织形式就是在项目总监之下设立一些职能机构，分别从职能角度对基层监理组织进行业务管理，并在项目总监授权的范围内，向下下达命令和指示。这种组织形式强调管理职能的专业化，即把管理职能授权给不同的专业部门。

在职能制的组织结构中，项目的任务分配给相应的职能部门，职能部门经理对分配到本部门的项目任务负责。职能制的组织结构适用于任务相对比较稳定明确的项目监理工作。

1. 职能制项目监理组织形式的优点

（1）由于部门是按职能来划分的，因此各职能部门的工作具有很强的针对性，可以最大限度地发挥人员的专业才能，减轻项目总监的负担。

（2）如果各职能部门能做好互相协作的工作，对整个项目的完成会起到事半功倍的作用。

2. 职能制项目监理组织形式的缺点

（1）项目信息传递途径不畅。

（2）工作部门可能会接到来自不同职能部门互相矛盾的指令。

（3）当不同职能部门之间意见存在分歧，并难以统一时，互相协调存在一定的困难。

（4）职能部门直接对工作部门下达工作指令，项目总监对工程项目的控制能力在一定程度上被弱化。

（三）直线职能制监理组织

直线职能制监理组织形式是吸收了直线式监理组织形式

和职能制监理组织形式的优点而形成的一种组织形式。直线指挥部门拥有对下级实行指挥和发布命令的权力，并对该部门的工作全面负责；职能部门是直线指挥人员的参谋，它们只能对指挥部门进行业务指导，而不能对指挥部门直接进行指挥和发布命令。

（四）矩阵制项目监理组织

矩阵制是现代大型工程管理中广泛采用的一种组织形式，是美国在20世纪50年代所创立的，矩阵制的监理组织由横向职能部门系统和纵向子项目组织系统组成。它把职能原则和项目对象原则结合起来建立工程项目管理组织机构，使其既能发挥职能部门的横向优势，又能发挥项目组织的纵向优势。从系统论的观点来看，解决问题不能只靠某一部门的力量，一定要各方面专业人员共同协作。

1. 矩阵制项目监理组织形式的特征

（1）项目监理组织机构与职能部门的结合部同职能部门数相同，多个项目与职能部门的结合部呈矩阵状。

（2）把职能原则和对象原则结合起来，既能发挥职能部门的横向优势，又能发挥项目组织的纵向优势。

（3）专业职能部门是永久性的，项目组织是临时性的。职能部门负责人对参与项目组织的人员有组织调配、业务指导和管理考察权，项目总监将参与项目组织的职能人员在横向上有效地组织在一起，为实现项目目标协同工作。

（4）矩阵中的每个成员或部门，接受原部门负责人和项目总监的双重领导，但部门的控制力要大于项目的控制力，部门负责人有权根据不同项目的需要和忙闲程度，在项目之间调配本部门人员。一个专业人员可能同时为几个项目服务，特殊人才可充分发挥作用，避免人才在一个项目中闲置又在另一个项目中短缺，大大提高了人才利用率。

（5）项目总监对"借"到本项目监理部来的成员，有权控制和使用，当感到人力不足或某些成员不得力时，他可以向职能部门求援或要求调换、退回原部门。

（6）项目监理部的工作有多个职能部门支持，项目监理部没有人员包袱。但要求在水平方向和垂直方向有良好的信息沟通及良好的协调配合，对整个企业组织和项目组织的管理水平和组织渠道畅通提出了较高的要求。

2. 矩阵制项目监理组织形式的适用范围

（1）适用于平时承担多个需要进行项目监理工程的企业。在这种情况下，各项目对专业技术人才和管理人才都有需求，加在一起数量较大。采用矩阵制组织可以充分利用有限的人才对多个项目进行监理，特别有利于发挥稀有人才的作用。

（2）适用于大型、复杂的监理工程项目。因大型复杂的工程项目要求多部门、多技术、多工种配合实施，在不同阶段，对不同人员有不同数量和搭配各异的需求。显然，矩阵制项目监理组织形式可以很好地满足其要求。

3. 矩阵制项目监理组织形式的优点

（1）能以尽可能少的人力，实现多个项目监理的高效率。通过职能部门的协调，一些项目上的闲置人才可以及时转移到需要这些人才的项目上去，防止人才短缺，项目组织因此具有弹性和应变力。

（2）有利于人才的全面培养。可以使不同知识背景的人在合作中相互取长补短，在实践中拓宽知识面，发挥纵向的专业优势，使人才成长建立在深厚的专业训练基础之上。

4. 矩阵制项目监理组织形式的缺点

（1）由于人员来自监理企业职能部门，且仍受职能部门控制，故凝聚在项目上的力量减弱，往往使项目组织的作用发挥受到影响。

（2）管理人员或专业人员如果身兼多职地监理多个项目，便往往难以确定监理项目的优先顺序，有时难免顾此失彼。

（3）双重领导。项目组织中的成员既要接受项目总监的领导，又要接受监理企业中原职能部门的领导，在这种情况下，如果领导双方意见和目标不一致甚至有矛盾时，当事人便无所适从。要防止这一问题产生，就必须加强项目总监和部门负责人之间的沟通，还要有严格的规章制度和详细的计划，使工作人员尽可能明确在不同时间内应当干什么工作。

（4）矩阵制组织对监理企业管理水平、项目管理水平、领导者的素质、组织机构的办事效率、信息沟通渠道的畅通，均有较高要求。因此要精于组织、分层授权、疏通渠道、理顺关系。由于矩阵制组织的复杂性和结合部多，会造成信息沟通量膨胀和沟通渠道复杂化，致使信息梗阻和失真，所以要求协调组织内部的关系时必须有强有力的组织措施和协调办法以排除难题，层次、权限要明确划分，当有意见分歧难以统一时，监理企业领导和项目总监要及时出面协调。

三、项目监理机构的人员配备

项目监理机构的人员配备要根据监理的任务范围、内容、期限、工程规模、技术的复杂程度等因素综合考虑，形成整体素质高的监理组织，以满足监理目标控制的要求。项目监理机构的人员包括项目总监理工程师、专业监理工程师、监理员（含试验员）及必要的行政文秘人员。在组建时必须注意人员的专业结构、职称结构要合理。

（一）合理的专业结构

项目监理组织应当由与监理项目性质以及业主对项目监理的要求相适应的各专业人员组成，也就是说各专业人员要配套。

项目监理机构中一般要具有与监理任务相适应的专业技术人员，如一般的民用建筑工程监理要有土建、电气、测量、设备安装、装饰、建材等专业人员。如果监理工程有某些特殊性，或业主要求采用某些特殊的监控手段，或监理项目工程技术特别复杂而监理企业又没有某些专业的人员时，监理机构可以采取一些措施来满足对专业人员的要求。比如，在征得业主同意的前提下，可将这部分工程委托给有相应资质的监理机构来承担，或可以临时高薪聘请某些稀缺专业的人员来满足监理工作的要求，以此保证专业人员结构的合理性。

（二）合理的职称结构

合理的职称结构是指监理机构中各专业的监理人员应具有的与监理工作要求相适应的高、中、初级职称比例。监理工作是高智能的技术性服务，应根据监理的具体要求来确定职称结构。如在决策、设计阶段，应以高、中级职称人员为主，基本不用初级职称人员；在施工阶段，就应以中级职称人员为主，高、初级职称人员为辅。合理的职称结构还包含另一层意思，就是合理的年龄结构，这两者实质上是一致的。在我国，职称的评定有比较严格的年限规定，获高级职称者一般年龄较大，中级职称多为中年人，初级职称者较年轻。

老年人有丰富的经验和阅历，可是身体不好，高空和夜间作业受到限制，而年轻人虽然有精力，但是缺乏经验。所以，在不同阶段的监理工作中，这些不同年龄阶段的专业人员要合理搭配，以发挥他们的长处。

（三）项目监理机构监理人员数量的确定

监理人员数量要根据监理工程的规模、技术复杂程度、监理人员的素质等因素来确定。实践中，一般要考虑以下因素。

（1）工程建设强度。工程建设强度是指单位时间内投入的工程建设资金数量，用公式表示为：工程建设强度 = 投资 / 工期。其中，投资和工期是指由监理单位所承担的那部分工程的投资和工期。工程建设强度可用来衡量一项工程的紧张程度，显然，工程建设强度越大，所需要投入的监理人员就越多。

（2）建设工程的复杂程度。每个工程项目都有特定的地点、气候条件、工程地质条件、施工方法、工程性质、工期要求、材料供应条件等。根据不同情况，可将工程按复杂程度等级划分为简单、一般、一般复杂、复杂和很复杂5级。定级可以用定量方法，对影响因素进行专家评估，考虑权重系数后计算其累加均值。工程项目由简单到很复杂，所需要的监理人员也相应地由少到多。

（3）监理单位的业务水平和监理人员的业务素质。每个监理单位的业务水平和对某类工程的熟悉程度不完全相同，同时，每个监理人员的专业能力、管理水平、工作经验等方面都有差异，所以在监理人员素质和监理的设备手段等方面也存在差异，这都会直接影响监理效率的高低。高水平的监理单位和高素质的监理人员可以投入较少的监理人力完成一个建设工程的监理工作，而一个经验不多或管理水平不高的监理单位则需投入较多的监理人力。因此，各监理单位应根据自己的实际情况确定监理人员需要量。

（4）监理机构的组织结构和任务职能分工。项目监理机构的组织结构形式关系到具体的监理人员的需求量，人员配备必须能满足项目监理机构任务职能分工的要求。必要时，可对人员进行调配。如果监理工作需要委托专业咨询机构或专业监测、检验机构进行，则项目监理机构的监理人员数量可以考虑适当减少。

第四节　项目监理组织协调

一、组织协调的概念

所谓协调就是以一定的组织形式、手段和方法对项目中产生的不畅关系进行疏通、对产生的干扰和障碍予以排除的活动。项目的协调其实就是一种沟通，沟通能够确保及时和适当地对项目信息进行收集、分发、储存和处理，并对可预见的问题进行必要的控制，以利于项目目标的实现。

项目系统是一个由人员、物质、信息等构成的人为组织系统，是由若干相互联系而又相互制约的要素有组织、有秩序地组成的具有特定功能和目标的统一体。项目的协调关系一般来说可以分为3大类：一是"人员/人员界面"；二是

"系统／系统界面"；三是"系统／环境界面"。

（1）"人员／人员界面"。项目组织是人的组织，是由各类人员组成的。人的差别是客观存在的，由于每个人的经历、心理、性格、习惯、能力、任务、作用的不同，在一起工作时，必定存在潜在的人员矛盾或危机。这种人和人之间的间隔，就是所谓的"人员／人员界面"。

（2）"系统／系统界面"。如果把项目系统看作是一个大系统，则可以认为它实际上是由若干个子系统组成的一个完整体系。各个子系统的功能不同，目标不同，内部工作人员的利益不同，容易产生各自为政的趋势和相互推托的现象。这种子系统和子系统之间的间隔，就是所谓的"系统／系统界面"。

（3）"系统／环境界面"。项目系统在运作过程中，必须和周围的环境相适应，所以项目系统必然是一个开放的系统。它能主动地从外部世界取得必要的能量、物质和信息。在这个过程中，存在许多障碍和阻力。这种系统与环境之间的间隔，就是所谓的"系统／环境界面"。

工程项目建设协调管理就是在"人员／人员界面""系统／系统界面""系统／环境界面"之间，对所有的活动及力量进行联结、联合、调和的工作。

由动态相关性原理可知，总体的作用规模要比各子系统的作用规模之和大，因而要把系统作为一个整体来研究和处理，为了顺利实现工程项目建设系统目标，必须重视协调管理，发挥系统整体功能。要保证项目的各参与方围绕项目开展工作，组织协调很重要，只有通过积极的组织协调才能使项目目标顺利实现。

二、项目监理组织协调的范围和层次

一般认为，协调的范围可以分为对系统内部的协调和对系统外层的协调。对于项目监理组织来说，系统内部的协调包括项目监理部内部协调、项目监理部与监理企业的协调；从项目监理组织与外部世界的联系程度来看，项目监理组织的外层协调又可以分为近外层协调和远外层协调。近外层和远外层的主要区别是，项目监理组织与近外层关联单位一般有合同关系，包括直接的和间接的合同关系，如与业主、设计单位、总包单位、分包单位等的关系；和远外层关联单位一般没有合同关系，但却受法律、法规和社会公德等的约束，如与政府、项目周边居民社区组织、环保、交通、环卫、绿化、文物、消防、公安等单位的关系。

三、项目监理组织协调的内容

(一) 项目监理组织内部协调

项目监理组织内部协调包括人际关系和组织关系的协调。项目组织内部人际关系指项目监理部内部各成员之间以及项目总监和下属之间的关系总和。内部人际关系的协调主要是指通过各种交流、活动，增进相互之间的了解和亲和力，促进相互之间的工作支持。另外还可以通过调解、互谅互让来缓和工作之间的利益冲突，化解矛盾，增强责任感，提高工作效率。项目内部要用人所长，责任分明、实事求是地对每个人的绩效进行评价和激励。组织关系协调是指项目监理组织内部各部门之间工作关系的协调，如项目监理组织内部的岗位、职能、制度的设置等，具体包括各部门之间的合理分工和有效协作。分工和协作同等重要，合理的分工能保证任务之间平衡匹配，有效协作既避免了相互之间的利益分割，又提高了工作效率。组织关系的协调应注意以下几个原则。

（1）要明确每个机构的职责。

（2）设置组织机构要以职能划分为基础。

（3）要通过制度明确各机构在工作中的相互关系。

（4）要建立信息沟通制度，制定工作流程图。

（5）要根据矛盾冲突的具体情况，及时、灵活地加以解决。

（二）项目监理组织近外层协调

近外层协调包括与业主、设计单位、总包单位、分包单位等的关系协调，项目与近外层关联单位一般有合同关系，包括直接的和间接的合同关系。工程项目实施的过程中，与近外层关联单位的联系相当密切，大量的工作需要互相支持和配合协调，能否如期实现项目监理目标，关键就在于近外层协调工作做得好不好，可以说，近外层协调是所有协调工作中的重中之重。

要做好近外层协调工作，必须做好以下几个方面的工作。

（1）首先要理解项目总目标，理解建设单位的意图。项目总监必须了解项目构思的基础、起因、出发点，了解决策背景，并了解项目总目标。在此基础上，再对总目标进行分解，对其他近外层关联单位的目标也要做到心中有数。只有正确理解了项目目标，才能掌握协调工作的主动权，做到有的放矢。

（2）利用工作之便做好监理宣传工作，增进各关联单位对监理工作的理解，特别是对项目管理各方职责及监理程序的理解。虽然我国推行建设工程监理制度已有多年，可是社会对监理工作的性质还是有不少不正确的看法，甚至是误解。因此，监理单位应当在工作中尽可能地主动做好宣传工作，争取到各关联单位对自己工作的支持。如主动帮助建设单位处理项目中的事务性工作，以自己规范化、标准化、制度化的工作去影响和促进双方工作的协调一致。

（3）以合同为基础，明确各关联单位的权利和义务，平等地进行协调。工程项目实施的过程中，合同是所有关联单位的最高行为准则和规范。合同规定了相关工程参与单位的权利和义务，所以必须有牢固的合同观念，要清楚哪些工作是由什么单位做的，应在什么时候完成，要达到什么样的标准。如果出现问题，是哪个单位的责任，同时也要清楚自己的义务。例如在工程实施过程中，承包单位如果违反合同，监理必须以合同为基础，坚持原则，实事求是，严格按规范、规程办事。只有这样，才能做到有理有据，在工作中树立监理的权威。

（4）尊重各相关联单位。近外层相关联单位在一起参与工程项目建设，说到底最终目标还是一致的，就是完成项目的总目标。因而，在工程实施的过程中，出现问题、纠纷时一定要本着互相尊重的态度进行处理。对于承包单位，监理工程师应强调各方面利益的一致性和项目总目标，尽量少对承包单位行使处罚权或经常以处罚相威胁，应鼓励承包单位将项目实施状况、实施结果和遇到的困难和意见向自己汇报，以寻找对目标控制可能的干扰，双方了解得越多、越深刻，监理工作中的对抗和争执就越少，出现索赔事件的可能性就越小。一个懂得坚持原则，又善于理解尊重承包单位项目经理的意见，工作方法灵活，随时可能提出或愿意接受变通办法的监理工程师肯定是受欢迎的，因而他的工作必定是高效的。

对分包单位的协调管理，主要是对分包单位明确合同管理范围，分层次管理。将总包合同作为一个独立的合同单元进行投资、进度、质量控制和合同管理，不直接和分包合同发生关系。对分包合同中的工程质量、进度进行直接跟踪监控，通过总包商进行调控、纠偏。分包商在施工中发生的问题，由总包商负责协调处理，必要时，监理工程师帮助协调。当分包合同条款与总包合同条款发生抵触时，以总包合同条款为准。此外，分包合同不能解除总包商对总包合同所承担的任何责任和义务，分包合同发生的索赔问题，一般由总包商负责，涉及总包合同中业主义务和责任时，由总包商通过监理工程师向业主提出索赔，由监理工程师进行协调。

对于建设单位，尽管有预定的目标，但项目实施必须执行建设单位的指令，使建设单位满意。如果建设单位提出了某些不适当的要求，则监理一定要把握好，如果一味迁就，则势必造成承包单位的不满，对监理工作的公正性产生怀疑，也给自己的工作带来不便。此时，可利用适当时机，采取适当方式加以说明或解释，尽量避免发生误解，以使项目进行顺利。对于设计单位，监理单位和设计单位之间没有直接的合同关系，但从工程实施的实践来看，监理和设计之间的联系还是相当密切的，设计单位为工程项目建设提供图纸及工程变更设计图纸等，是工程项目的主要相关联单位之一。

在协调的过程中，一定要尊重设计单位的意见，例如主动组织设计单位介绍工程概况、设计意图、技术要求、施工难点等；在图纸会审时请设计单位交底，明确技术要求，把标准过高、设计遗漏、图纸差错等问题解决在施工之前；在施工阶段，严格监督承包单位按设计图施工，主动向设计单位介绍工程进展情况，以便促使他们按合同规定或提前出图；若监理单位掌握比原设计更先进的新技术、新工艺、新材料、新结构、新设备，可主动向设计单位推荐，支持设计单位技术革新等；为使设计单位有修改设计的余地而不影响施工进度，可与设计单位达成协议，限定一个期限，争取设计单位、承包单位的理解和配合，如果逾期，设计单位要负责由此而造成的经济损失；结构工程验收、专业工程验收、竣工验收等工作，请设计代表参加；若发生质量事故，应认真听取设计单位的处理意见；在施工中，发现设计问题，应及时主动通过建设单位向设计单位提出，以免造成大的直接损失。

（5）注重语言艺术和感情交流。协调不仅是方法问题、技术问题，更多的是语言艺术、感情交流。同样的一句话，在不同的时间、地点，以不同的语气、语速说出来，给当事人的感觉会是大不一样的，所产生的效果也会不同。所以，有时我们会看到，尽管协调意见是正确的，但由于表达方式不妥，反而会激化矛盾。而高超的协调技巧和能力则往往起到事半功倍的效果，令各方面都满意。在协调的过程中，要多换位思考，多做感情交流，只有在工作中不断积累经验，才能提高协调能力。

（三）项目监理组织远外层协调

远外层与项目监理组织不存在合同关系，只是通过法律、法规和社会公德来进行约束，相互支持、密切配合、共同服务于项目目标。在处理关系和解决矛盾过程中，应充分发挥中介组织和社会管理机构的作用。一个工程项目的开展还受政府部门及其他单位的影响，如政府部门、金融组织、社会团体、服务单位、新闻媒介等，都对工程项目起着一定的或决定性的控制、监督、支持、帮助作用，这层关系若协调不好，工程项目实施也可能受到影响。

1. 与政府部门的协调

（1）监理单位在进行工程质量控制和质量问题处理时，要做好与工程质量监督站的交流和协调。工程质量监督站是由政府授权的工程质量监督的实施机构，对委托监理的工程，质量监督站主要是核查勘察设计、施工承包单位和监理单位的资质，监督项目管理程序和抽样检验。当参加验收各方对工程质量验收意见不一致时，可请当地建设行政主管部门或工程质量监督机构协调处理。

（2）当发生重大质量、安全事故时，监理单位在配合承包单位采取急救、补救措施的同时，应督促承包单位立即向政府有关部门报告情况，接受检查和处理，应当积极主动配合事故调查组的调查，如果事故的发生有监理单位的责任，则应当主动要求回避。

（3）建设工程合同应当送公证机关公证，并报政府建设管理部门备案；征地、拆迁、移民要争取政府有关部门的支持和协调；现场消防设施的配置，宜请消防部门检查认可；施工中还要注意防止环境污染，特别是防止噪声污染，坚持做到文明施工，同时督促承包单位协调好和周围单位及居民区的关系。

2. 与社会团体关系的协调

一些大中型工程项目建成后，不仅会给建设单位带来效益，还会给该地区的经济发展带来好处，同时会给当地人民生活带来方便，因此必然会引起社会各界的关注。建设单位和监理单位应把握机会，争取社会各界对工程建设的关心和支持，如争取媒体、社会组织或团体的关心和支持，这是一种对社会环境的协调。根据目前的工程监理实践来看，对外部环境协调，由建设单位负责主持，监理单位主要是针对一些技术性工作协调。如建设单位和监理单位对此有分歧，可在委托监理合同中详细注明。做好远外层的协调，争取到相关部门和社团组织的理解和支持，对于顺利实现项目目标来说是必需的。

四、项目监理组织协调的方法

组织协调工作千头万绪，涉及面广，受主观和客观因素影响较大。为保证监理工作顺利进行，要求监理工程师知识面要宽，要有较强的工作能力，能够因地制宜、因时制宜处理问题。监理工程师组织协调可采用以下方法。

（一）会议协调法

工程项目监理实践中，会议协调法是最常用的一种协调方法。一般来说，它包括第一次工地会议、监理例会、专题现场协调会等。

1. 第一次工地会议

第一次工地会议是在建设工程尚未全面展开前，由参与工程建设的各方互相认识、确定联络方式的会议，也是检查开工前各项准备工作是否就绪并明确监理程序的会议。会议由建设单位主持召开，建设单位、承包单位和监理单位的授权代表必须出席，必要时分包单位和设计单位也可参加，各方将在工程项目中担任主要职务的负责人及高级人员也应参加。第一次工地会议很重要，是项目开展前的宣传通报会。

第一次工地会议应包括以下主要内容。

（1）建设单位、承包单位和监理单位分别介绍各自驻现场的组织机构、人员及其分工。

（2）建设单位根据委托监理合同宣布对总监理工程师的授权。

（3）建设单位介绍工程开工准备情况。

（4）承包单位介绍施工准备情况。

（5）建设单位和总监理工程师对施工准备情况提出意见和要求。

（6）总监理工程师介绍监理规划的主要内容。

（7）研究确定各方在施工过程中参加工地例会的主要人员，召开工地例会周期、地点及主要议题。

第一次工地会议纪要应由项目监理机构负责起草，并经与会各方代表会签。

2. 监理例会

监理例会是由监理工程师组织与主持，按一定程序召开，研究施工中出现的计划、进度、质量及工程款支付等问题的工地会议。参加者有总监理工程师代表及有关监理人员、承包单位的授权代表及有关人员、建设单位代表及其有关人员。监理例会召开的时间根据工程进展情况安排，一般有周、旬、半月和月度例会等几种。工程监理中的许多信息和决定是在监理例会上获得和产生的，协调工作大部分也是在此进行的，因此监理工程师必须重视监理例会。

由于监理例会定期召开，一般均按照一个标准的会议议程进行，主要是对进度、质量、投资的执行情况进行全面检查，交流信息，并提出对有关问题的处理意见以及今后工作中应采取的措施，此外，还要讨论延期、索赔及其他事项。监理例会的主要议题如下。

（1）对上次会议存在问题的解决和纪要的执行情况进行检查。

（2）工程进展情况。

（3）对下月（或下周）的进度预测。

（4）施工单位投入的人力、设备情况。

（5）施工质量、加工订货、材料的质量与供应情况。

（6）有关技术问题。

（7）索赔工程款支付。

（8）业主对施工单位提出的违约罚款要求。

会议记录由监理工程师形成纪要，经与会各方认可，然后分发给有关单位。会议纪要内容如下。

（1）会议地点及时间。

（2）出席者姓名、职务及其代表的单位。

（3）会议中发言者的姓名及所发言的主要内容。

（4）决定事项。

（5）诸事项分别由何人何时执行。

监理例会举行的次数较多，一定注意要防止流于形式。监理工程师要对每次监理例会进行预先筹划，使会议内容丰富，针对性强，才可以真正发挥协调作用。

3.专题现场协调会

除定期召开工地监理例会以外，还应根据项目工程实施需要组织召开一些专题现场协调会议，如对于一些工程中的重大问题以及不宜在监理例会上解决的问题，根据工程施工需要，可召开有相关人员参加的现场协调会。如对复杂施工方案或施工组织设计审查、复杂技术问题的研讨、重大工程质量事故的分析和处理、工程延期、费用索赔等进行协调，可在会上提出解决办法，并要求相关方及时落实。

专题现场协调会一般由监理单位（或建设单位）或承包单位提出，由总监理工程师及时组织。参加专题会议的人员应根据会议的内容确定，除建设单位、承包单位和监理单位的有关人员外，还可以邀请设计人员和有关部门人员参加。由于专题现场协调会研究的问题重大，又比较复杂，因此会前应与有关单位一起，做好充分的准备，如进行调查、收集资料，以便介绍情况。有时为了使协调会达成更好的共识，避免在会议上形成冲突或僵局，或为了更快地达成一致，可以先将会议议程打印发给各位参加者，并可以就议程与一些主要人员进行预先磋商，这样才能在有限的时间内，让有关人员充分地研究并得出结论。会议过程中，监理工程师应能驾驭会议局势，防止不正常的干扰影响会议的正常秩序。对于专题现场协调会，也要求有会议记录和纪要，作为监理工程师存档备查的文件。

（二）交谈协调法

并不是所有问题都需要开会来解决，有时可采用"交谈"这一方法。交谈包括面对面的交谈和电话交谈两种形式。由于交谈本身没有合同效力，加上其方便性和及时性，所以建设工程参与各方之间及监理机构内部都愿意采用这一方法进行协调。实践证明，交谈是寻求协作和帮助的最好方法，因为在寻求别人的帮助和协作时，往往要及时了解对方的反应和意见，以便采取相应的对策。另外，相对于书面寻求协作，人们更难拒绝面对面的请求。因此，采用交谈方式请求协作和帮助比采用书面方法实现的可能性要大，所以，无论是内部协调还是外部协调，这种方法的使用频率都是相当高的。

（三）书面协调法

当其他协调方法效果不好或需要精确地表达自己的意见时，可以采用书面协调的方法。书面协调法的最大特点是具有合同效力，包括以下几类。

（1）监理指令、监理通知、各种报表、书面报告等。

（2）以书面形式向各方提供详细信息和情况通报的报告、信函和备忘录等。

（3）会议记录、纪要、交谈内容或口头指令的书面确认。

各相关方对各种书面文件一定要严肃对待，因为它具有合同效力。例如对于承包单位来说，监理工程师的书面指令或通知是具有一定强制力的，即使有异议，也必须执行。

（四）访问协调法

访问协调法主要用于远外层的协调工作中，也可以用于建设单位和承包单位的协调工作，有走访和邀访两种形式。走访是指协调者在建设工程施工前或施工过程中，对与工程施工有关的各政府部门、公共事业机构、新闻媒介或工程毗邻单位等进行访问，向他们解释工程的情况，了解他们的意见。邀访是指协调者邀请相关单位代表到施工现场对工程进行巡视，了解现场工作。因为在多数情况下，这些有关单位并不了解工程，不清楚现场的实际情况，如果进行一些不恰当的干预，会对工程产生不利影响，此时采用访问法可能是一个相当有效的协调方法。大多数情况下，对于远外层的协调工作，一般由建设单位主持，监理工程师主要起协助作用。

总之，组织协调是一种管理艺术和技巧，监理工程师尤其是项目总监理工程师需要掌握领导科学、心理学、行为科学方面的知识和技能，如激励、交际、表扬和批评的艺术，开会的艺术，谈话的艺术和谈判的技巧等。而这些知识和能力的获得需要在工作实践中不断积累和总结，是一个长期的过程。

第五章　施工现场管理

第一节　施工现场项目经理部的建立

一、施工管理的相关内容

(一) 施工管理的概念及基本任务

所谓施工管理，是指对完成最终建筑产品的施工全过程所进行的组织和管理。施工管理的基本任务，是指合理地组织完成最终建筑产品的全部施工过程，充分利用人力和物力，有效地使用时间和空间，保证综合协调施工，使建筑工程达到工期短、质量好、成本低、安全生产的目标，迅速发挥投资效益。

(二) 施工管理的主要内容

施工管理贯穿于整个施工阶段，在施工全过程的不同阶段，施工管理工作的重点和具体内容是不相同的。施工管理的实质是对施工生产进行合理的计划、组织、协调、控制和指挥。施工管理的主要内容有：

(1) 签订工程承包合同，严格按合同执行，加强合同管理；

(2) 认真做好施工准备工作，加强施工准备工作管理；

（3）按现场施工目标，组织好现场施工，加强现场施工管理；

（4）做好竣工验收的准备，严格按照程序组织工程验收，加强工程交工验收管理。

二、建筑企业项目管理组织形式

我国的大型建筑企业项目管理组织主要有四种组织方式：工作队式、部门控制式、矩阵式、事业部式。这四种项目管理的组织形式基本上适应了项目一次性的特点，使项目的资源配置可以进行动态的优化组合，能够连续、均衡地运作，基本满足大型建筑企业项目管理的需要，根据所选择的项目组织形式，设置相应的项目经理部。不同的组织形式对施工项目经理部的管理力量和管理职责提出了不同的要求，同时也提供了不同的管理环境。

（一）工作队式项目管理组织形式

工作队式项目管理组织的优点是：项目人员组成工作队，独立性强，项目部成员在工程建设期间与原所在部门脱离了领导与被领导的关系，原单位的负责人只负责业务指导及考察。企业的职能部门处于服从地位，只提供一些服务。这种组织形式适用于大型工程项目、工期要求紧的项目、要求多工种多部门密切配合的项目。

（二）部门控制式项目管理组织形式

部门控制式项目管理组织形式是按职能原则建立的项目组织，把项目委托给企业某一专业部门，由部门领导，在本单位选人组合负责实施，一般适用于小型的专业性强、不需涉及众多部门的施工项目。其优点是：由熟人组合办熟悉的事，人事关系易协调，从接受任务到组织的运转启动，时间短，职责明确，职能专一；缺点是：不能适应大型项目管理需要，不利于精简机构。

（三）矩阵式项目管理组织形式

矩阵式项目管理组织形式的特征是：将按职能划分的部门与按产品或项目划分的小组（项目组）结合成矩阵状的一种组织形式。各个项目与职能部门结合成矩阵状，既能发挥职能部门的纵向优势，又能发挥项目组织的横向优势；职能部门负责人对参与项目组织的人员有组织调配、业务指导和管理考察的责任，项目经理将参与项目组织的职能人员在横向上有效地组织起来，为实现项目目标协同工作；矩阵中成员接受项目经理和部门负责人的双重领导，但部门的控制力大于项目的控制力，部门负责人根据不同的需求和忙闲程度，在项目之间调配本部门人员，一个专业人员可能同时为几个项目服务，大大提高了人才的利用率。

（四）事业部式项目管理组织形式

大型建筑企业事业部可以按地区设置，也可以按工程类型或经营内容设置，能迅速适应环境变化，在事业部下面设经理部，项目经理由事业部选派。这种形式适用于大型经营性企业的工程承包，特别适用于远离公司本土的工程承包，适用于一个地区内有长期市场或一个企业有多种专一施工力量时采用。其优点是：有利于延伸企业的经营职能，扩大企业的经营业务，便于开拓企业的业务领域。缺点是：企业对项目经理部的约束力减弱，协调指导的机会减少，故有时会造成企业机构松散，必须加强制度约束，加大企业的综合协调能力。

三、施工现场项目经理部的内涵及作用

(一) 施工现场项目经理部的内涵

施工现场是参加建筑施工的全体人员为优质、安全、低成本和高速度完成施工任务而进行工作的活动空间。

施工现场项目经理部是施工项目管理的工作班子，是企业为了使施工现场更具有生产组织功能，为了更好地完成工程项目管理目标而设立的置身于项目经理领导之下的临时性的基层施工管理机构。

(二) 施工现场项目经理部的作用

(1) 项目经理部在项目经理领导下，作为项目管理的组织机构，负责施工项目从开工到竣工的全过程施工生产经营的管理，是企业在某一工程项目上的管理层，同时对作业层负有管理与服务双重职能。作业层工作的质量取决于项目经理部的工作质量。

(2) 项目经理部是项目经理的办事机构，为项目经理决策提供信息依据，当好参谋，同时又要执行项目经理的决策意图，向项目经理全面负责。

(3) 项目经理部是一个组织体，其作用包括：完成企业所赋予的基本管理任务和专业管理任务等；凝聚管理人员的力量，调动其积极性，促进管理人员的合作，建立为事业的奉献精神；协调部门之间、管理人员之间的关系，发挥每个人的岗位作用，为共同目标进行工作；影响和改变管理人员的观念和行为，使个人的思想、行为变为组织文化的积极因

素；贯彻组织责任制，搞好管理；沟通部门之间、项目经理部与作业队之间、与公司之间、与环境之间的信息。

（4）项目经理部是代表企业履行工程承包合同的主体，也是对最终建筑产品和业主全面、全过程负责的管理主体；通过履行主体与管理主体地位的体现，使每个工程项目经理部成为企业进行市场竞争的主体成员。

四、施工项目经理部的规模设计

目前，国家对项目经理部的设置规模尚无具体规定。结合有关企业推行施工项目管理的实际，一般按项目的使用性质和规模分类。只有当施工项目的规模达到以下要求时才实行施工项目管理：1万平方米以上的公共建筑、工业建筑、住宅建设小区及其他工程项目投资在500万元以上的工程项目，均实行项目管理。有些试点单位把项目经理部分为下述三个等级：

（1）一级施工项目经理部：建筑面积为15万平方米以上的群体工程；面积在10万平方米以上（含10万平方米）的单体工程；投资在8000万元以上（含8000万元）的各类工程项目。

（2）二级施工项目经理部：建筑面积在15万平方米以下、10万平方米以上（含10万平方米）的群体工程；面积在10万平方米以上、5万平方米以上（含5万平方米）的单体工程；投资在8000万元以下3000万元以上（含3000万元）的各类施工项目。

（3）三级施工项目经理部：建设总面积在10万平方米以

下、2万平方米以上（含2万平方米）的群体工程；面积在5万平方米以下、1万平方米以上（含1万平方米）的单体工程；投资在3000万元以下、500万元以上（含500万元）的各类施工项目。

建设总面积在2万平方米以下的群体工程以及面积在1万平方米以下的单体工程，按照项目管理经理责任制有关规定，实行栋号承包。承包栋号的队伍以栋号长为承包人，直接向公司（或工程部）经理负责。

五、项目经理的作用及职责

（1）项目经理是企业法人在工程项目管理中的全权代表，是项目管理决策的关键人物，是项目实施的最高责任者和组织者。

（2）项目经理的主要作用：①领导者作用，项目施工的重要特征是项目经理负责制，在工程项目管理中，项目经理是最高领导者，起核心作用；②协调者作用，项目经理在项目管理中负责全面协调工作，即将各种汇集到工程项目的指令、信息、计划、方案、制度等，通过协商、调度、运筹，使其配合得当；③管理者作用，项目经理本人的专业知识、思想素质、管理作风、管理能力、管理思想和管理艺术在项目管理中具有关键性作用；④决策者作用，项目经理在工程项目管理中，根据信息抓住机遇，选择最佳时机，提出合适方案，做出正确决策，并在实际工作中贯彻执行。

（3）项目经理的基本职责：①确保项目目标实现，保证业主满意；②制定项目阶段性目标和项目总体控制计划；③组织精干的项目管理班子，并全面领导其工作；④对重大问题及时决策；⑤履行合同义务，监督合同执行；⑥在项目内部实施组织、计划、指导、协调和控制。

第二节 施工现场技术管理

一、施工现场技术管理概述

施工现场技术管理就是对现场各项技术活动、技术工作以及与技术相关的各种生产要素进行计划、实施、总结和评价的系统管理活动。搞好技术管理工作，有利于提高企业技术水平，充分发挥现有设备能力，提高劳动生产率，降低生产成本，提高企业管理效益，增强施工企业的竞争力。

二、施工现场技术管理制度

(一) 技术标准及技术规范

项目施工过程中，应严格遵守、贯彻国家和地方颁发的技术标准和技术规范以及各种原材料、半成品、成品的技术标准和相应的检验标准。认真执行公司有关技术管理的规定，认真按设计图纸进行施工，严禁违规违章。

(二) 施工图认读及会审

项目部接到图纸后，应组织技术人员、现场施工人员等认读图纸，明确各专业的相互关系和对设计单位的要求，做好自审记录，并按会审图纸管理规定，办妥会审登记手续。

（三）组织设计或方案

施工项目开工前必须编制施工组织设计，按有关规定分级编审施工组织设计文件，并应在施工过程中认真组织贯彻执行。

（四）施工技术交底

施工前，必须认真做好技术交底工作，使项目部施工人员熟悉和了解设计及技术要求、施工工艺和应注意的事项以及管理人员的职责要求；交底以书面及口头同时进行，并做好记录及交底人、被交底人签字。

（五）施工中的测量、检验和质量管理

（1）施工中组织专人负责放线、标高控制，并有专人负责复核记录归档。

（2）测量仪器应由专人使用和管理，并定期检验，严禁使用失准仪器；

（3）原材料、半成品、成品进场要提供供应厂家生产及销售资质文件、出厂合格证、化验单及检验报告等，并由主管技术人员及质安员验收核实后方能使用；

（4）严格按照国家规定、技术规范、技术要求，对需复检、复验项目予以复检、复验，并如实填写结果；

（5）正确执行计量法令、标准和规范，如施工组织设计、计划、技术资料、公文、标准及各种施工设计文件等。

（六）设计变更及材料代用

施工图纸的修改、设计变更或建设单位的修改通知需经各方签证后，方可作为施工及结算的依据。

（七）施工日志

施工现场应指定专人填写当日有关施工活动的综合记录，主要内容包括当日气候、气温、水电供应；施工情况、治安情况；材料供应及机具情况；施工、技术、项目变更内容。

（八）技术资料档案管理

（1）施工现场技术资料应由专人负责收集整理，并应与施工进度同步收集整理，其记载内容应与实际相符，做到准确、齐全、整洁；

（2）有关人员必须在资料指定位置上签名、盖章，并注明日期，手续齐全的资料方可作为有效资料收集整理；

（3）应严格执行有关城市建设档案管理条例和相关保密规定，及时进行工程施工档案的收集和管理。

三、施工技术管理的基础工作

（一）建立技术责任制

技术责任制是指将施工单位的全部技术管理工作分别落实到具体岗位（或个人）和具体的职能部门，使其职责明确，制度化。

建立各级技术负责制，必须正确划分各级技术管理权限，明确各级技术领导的职责。施工单位内部的技术管理实行公司和工程项目部两级管理。公司工程管理部设技术管理室、科研室、试验室、计量室，在总工程师领导下进行技术、科研、试验、计量和测量管理工作。工程项目部设工程技术股，在项目经理和主任工程师的领导下进行施工技术工作。

总工程师、主任工程师是技术行政职务，是同级行政领导成员，分别在总经理、项目部经理的领导下全面负责技术工作，对本单位的技术问题，如施工方案、各项技术措施、质量事故处理、科技开发和改造等重大问题有决定权。

（二）贯彻技术标准和技术规程

（1）技术标准：

①建筑安装工程施工及验收规范；

②建筑安装工程质量检验及评定标准；

③建筑安装材料、半成品的技术标准及相应的检验标准。

（2）技术规程：

①施工工艺规程；

②施工操作规程；

③设备维护和检修规程；

④安全操作规程。

技术标准和技术规程一经颁发，就必须严格执行。但是技术标准和技术规程不是一成不变的，随着技术和经济发展，要适时地对它们进行修订。

（三）施工技术管理制度

施工技术管理制度包括如下几项：

①图纸学习和会审制度；

②施工项目管理规划制度；

③技术交底制度；

④施工项目材料、设备检验制度；

⑤工程质量检查验收制度；

⑥技术组织措施计划制度；

⑦工程施工技术资料管理制度；

⑧其他技术管理制度。

（四）建立健全技术原始记录

技术原始记录包括材料、构配件、建筑安装工程质量检验记录、质量、安全事故分析和处理记录、设计变更记录和施工日志等。技术原始记录是评定产品质量、技术活动质量及产品交付使用后制定维修、加固或改建方案的重要技术依据。

（五）建立工程技术档案

工程技术档案是记录和反映本单位施工、技术、科研等活动，具有保存价值，并且按一定的归档制度，作为真实的历史记录集中保管起来的技术文件材料。建筑企业的技术档案是指有计划地、系统地积累起来具有一定价值的建筑技术经济资料，它来源于企业的生产和科研活动，反过来又为生产和科研服务。

建筑企业技术档案的内容可分两大类：一类是为工程交工验收而准备的技术资料，作为评定工程质量和使用、维护、改造、扩建的技术依据之一；另一类是企业自身要求保留的技术资料，如施工组织设计、施工经验总结、科学研究资料、重大质量安全事故的分析与处理措施、有关技术管理工作经验总结等，作为继续进行生产、科研以及对外进行技术交流的重要依据。

四、施工技术管理的业务工作

（一）技术交底与图纸会审

技术交底是施工单位技术管理的一项重要制度，它是指开工前，由上级技术负责人就施工中有关技术问题向执行者进行交代的工作。其目的是使施工的人员对工程及其技术要求做到心中有数，以便科学地组织施工和按合理的工序、工艺进行作业。要做好技术交底工作，必须明确技术交底的内容，并搞好技术交底的分工。

技术交底的内容包括：

（1）图纸交底，目的是使施工人员了解施工工程的设计特点、做法要求、抗震处理、使用功能等，以便掌握设计关键，认真按图施工。

（2）施工组织设计交底，要将施工组织设计的全部内容向施工人员交代，以便其掌握工程的特点、施工部署、任务划分、施工方法、施工进度、各项管理措施、平面布置等，用先进的技术手段和科学的组织手段完成施工任务。

（3）设计变更和洽商交底，将设计变更的结果向施工人员和管理人员做统一的说明，便于统一口径，避免差错。

（4）分项工程技术交底主要包括施工工艺，技术安全措施，规范要求，质量标准，新结构、新工艺、新材料工程的特殊要求等。

图纸会审是指开工前由设计部门、监理单位和施工企业三方面对全套施工图纸共同进行的检查与核对。图纸会审的目的是领会设计意图，明确技术要求，熟悉图纸内容，并及早消除图纸中的技术错误，提高工程质量。图纸会审的主要内容有：①建筑结构与各专业图纸是否有矛盾，结构图与建筑图尺寸是否一致，是否符合制图标准；主要尺寸、标高、轴线、孔洞、预埋件等是否有错误。②设计地震烈度是否符合当地要求，防火、消防是否满足要求。③设计假定与施工现场实际情况是否相符。④材料来源有无保证，能否替换；施工图中所要求的新技术、新结构、新材料、新工艺应用有无问题。⑤施工安全、环境卫生有无保证。⑥某些结构的强度和稳定性对安全施工有无影响。

（二）编制施工组织设计

在施工前，对拟建工程对象从人力、资金、施工方法、材料、机械五方面在时间、空间上做出科学合理的安排，使施工能安全生产、文明施工，从而达到优质、低耗地完成建筑产品，这种用来指导施工的技术经济文件被称为施工组织设计。

施工技术组织措施的内容包括：加快施工进度的措施；保证提高工程质量的措施；节约原材料、动力、燃料的措施；充分利用地方材料，综合利用废渣、废料的措施；推广新技术、新结构、新工艺、新材料、新设备的措施；改进施工机械的组织管理，提高机械的完好率和利用率的措施；改进施工工艺和操作技术，提高劳动生产率的措施；合理改善劳动组织，节约劳动力的措施；保证安全施工的措施；发动群众提出合理化建议的措施；各项技术、经济指标的控制数字。

（三）材料检验

材料检验是指对进场的原材料用必要的检测仪器设备进行检验。因为建筑材料质量的好坏直接影响建筑产品的优劣，所以企业建立健全材料试验及检验材料，严把质量关，才能确保工程质量。

凡施工用的原材料，如水泥、钢材、砖、焊条等，都应有出厂合格证明或检验单；对混凝土、砂浆、防水胶结材料及耐酸、耐腐、绝缘、保温等配合的材料或半成品，均要有配合比设计及按规定制定试块检验；对预制构件，预制厂要有出厂合格证明，工地可做抽样检查；对新材料、新的结构构件、代用材料等，要有技术鉴定合格证明，才能使用。施工企业要加强对材料及构配件试验检验工作的领导，建立试验、检验机构，配备试验人员，充实试验、检验仪器设备，提高试验与检验的质量。钢筋、水泥、砖、焊条等结构用材料，除应有出厂证明外，还必须根据规范和设计要求进行检验。

（四）施工过程的质量检查和工程质量验收

为了保证工程质量，在施工过程中，除根据国家规定的《建筑安装工程质量检验评定标准》逐项检查操作质量外，还必须根据建筑安装工程的特点，对以下几个方面进行检查和验收：

（1）施工操作质量检查：有些质量问题是由于操作不当导致，因此必须实施施工操作过程中的质量检查，发现质量问题及时纠正。

（2）工序质量交接检查：工序质量交接检查是指前一道工序质量经检查签证后方能移交给下一道工序。

（3）隐蔽工程检查验收：隐蔽工程检查与验收是指对本道工序操作完成后将被下道工序所掩埋、包裹而无法再检查的工程项目，在隐蔽前所进行的检查与验收，如钢筋混凝土中的钢筋，基础工程中的地基土质和基础尺寸、标高等。

（4）分项工程预先检查验收：一般是在某一分项工程完工后，由施工队自己检查验收。但对主体结构、重点、特殊项目及推行新结构、新技术、新材料的分项工程，在完工后应由监理、建设、设计和施工共同检查验收，并签证验收记录，纳入工程技术档案。

（5）工程交工验收：在所有建设项目和单位工程规定内容全部竣工后，进行一次综合性检查验收，评定质量等级。

交工验收工作由建设单位组织，监理单位、设计单位和施工单位参加。

（6）产品保护质量检查：产品保护质量检查即对产品采取护、包、盖、封。护，是指将提前保护；包，是指进行包裹，以防损伤或污染；盖，是指将表面覆盖，防止堵塞、损伤；封，是指局部封闭，如楼梯口等。

（五）技术复核与技术核定

技术复核是指在施工过程中对重要部位的施工，依据有关标准和设计的要求进行复查、核对工作。技术复核的目的是避免在施工中发生重大差错，保证工程质量。技术复核一般在分项工程正式施工前进行。复核的内容视工程情况而定，一般包括：建筑物坐标、标高和轴线、基础和设备基础、模板、钢筋混凝土和砖砌体、大样图、主要管道和电气等。

技术核定是指在施工前和施工过程中，必须修改原设计文件时应遵循的权限和程序。当施工过程中发现图纸仍有差错，或因施工条件变化需进行材料代换、构件代换以及因采用新技术、新材料、新工艺及合理化建议等原因需变更设计时，应由施工单位提出设计修改文件。

五、施工现场技术管理的任务和原则

（一）施工技术管理的任务

建筑企业技术管理的基本任务是：正确贯彻执行国家的各项技术政策、标准和规定，科学地组织各项技术工作，建立正常的生产技术秩序，充分发挥技术人员和技术装备的作用，不断改进原有技术并采用先进技术，保证工程质量，降低工程成本，推动企业技术进步，提高经济效益。

（二）技术管理工作应遵循的原则

（1）按科学技术的规律办事，尊重科学技术原理，尊重科学技术本身的发展规律，用科学的态度和方法进行技术管理。

（2）讲究技术工作的经济效益。技术和经济是辩证统一的，先进的技术应带来良好的经济效益，良好的经济效益又依靠先进技术。因此，在技术管理中应该把技术工作与经济效益联系起来，全面地分析、核算，比较各种技术方案的经济效果。有时，新技术、新工艺和新设备在研制和推广初期，可能经济效果欠佳，但是，从长远来看，可能具有较大的经济效益，应该通过技术经济分析，择优决策。

（3）认真贯彻国家的技术政策和建筑技术政策纲要，执行各项技术标准、规范和规程，并在实际工作中，从实际出发，不断完善和修订各种标准、规范和规程，改进技术管理工作。

第三节　施工现场机械设备、料具管理

一、施工现场机械设备管理

（一）定义

施工机械设备管理是按照机械设备的特点，在项目施工生产活动中，为了解决好人、机械设备和施工生产对象的关系，充分发挥机械设备的优势，获得最佳的经济效益，而进行的组织、计划、指挥、监督和调节等工作。

(二)施工现场机械设备管理制度

(1)机械设备的使用应贯彻管理结合、人机固定的原则。按设备性能合理安排、正确使用，充分发挥设备效能，保证安全生产。

(2)各级机械设备管理人员、操作人员应严格执行上级部门、本单位制定的各项机械设备管理规定，遵守安全操作规程，经常检查安全设施、安全规程的执行情况以及劳动保护用品的使用情况，发现问题及时指出，并加以解决。

(3)坚持持证上岗，严禁无操作证者上机作业，持实习证者不准单独顶班作业。

(4)不是本人负责的设备，未经领导同意，不得随意上机操作。

(5)现场设备(含临时停放设备)均应有防雨、防晒、防水、防盗、防破坏措施，并实行专人负责管理。

(6)机械设备的安装应严格遵守安装要求，遵守操作规程。安装场地应坚实平整。起重类机械严禁超载使用，确保设备及人身安全。

(7)设备安装完毕后，应进行运行安全检查及性能试验，经试运转合格、专业职能人员检验签认后方可投入使用。

(三)机械设备安全措施

(1)各种施工机械应制定使用过程中的定期检测方案，并如实填写施工机械安装、使用、检测、自检记录。

(2)在机械设备进场前，应结合现场情况，做好安装、调试等部署规划，并绘制出现场机械设备平面布置图。

(3)机械设备安装前要进行一次全面的维修、保养、检修，达到安全要求后再进行安装，并按计划实施日常保养、维修。

（4）机械设备操作人员的配备应保持相对稳定，严格执行定人、定机、定岗位，不得随意调动、顶班。

（5）操作人员严格执行例保制度，凡不按规定执行者均按违章处理。

（6）大型设备应由建设局及相关劳动部门检验认可，才能租赁、安装、使用。

（7）各种机械设备在移动、清理、保养、维修时，必须切断电源，并设专人监护，在设备使用间隙或停电后，必须及时切断电源，挂停用标志牌。

（8）凡因违章、违纪而发生机械人身伤亡事故者，都要查明事故原因及责任，按照三不放过的原则，严肃处理。

（四）安全教育制度

（1）机械设备安全操作使用知识，必须纳入三级教育内容。

（2）机械设备操作人员必须经过专门的安全技术教育、培训，并经考试合格后，方能持证上岗，上岗人员必须定期接受再教育。

（3）安全教育要分工种、分岗位进行。教育内容包括：安全法规、本岗位职责、现场其他标准、安全技术、安全知识、安全制度、操作规程、事故案例、注意事项等，并有教育记录，归档备查。

（4）执行班级每日班前讲话制度，并结合施工季节、施工环境、施工进度、施工部位及易发生事故的地点等，做好有针对性的分部分项案例技术交底工作。

（5）各项培训记录、考核试卷、标准答案、考核人员成绩汇总表，均应归档备查。

（五）施工现场机械设备使用管理

（1）为了合理使用机械设备，充分发挥机械效率，安全完成施工生产任务，提高经济效益，机械设备使用要求做到管用结合、合理使用，施工部门与设备部门应密切配合。

（2）制定施工组织设计方案，合理选用机械，从施工进度、施工工艺、工程量等方面做到合理装备，不要大机小用。结合施工进度，利用施工间隙，安排好机械的维护保养，避免失修失保和不修不保，应使机械保持良好状况，以便能随时投入使用。

（3）严格按机械设备说明书的要求和安全操作规程使用机械。操作人员做到四懂三会，即懂结构、懂原理、懂性能、懂用途和会操作、会维护保养、会处理一般故障。

（4）正确选用机械设备润滑油，必须严格按照说明书规定的品种、数量、润滑点、周期加注或更换，做到五定，即定人、定时、定点、定量、定质。

（5）协调配合，为机械施工作业创造条件，提高机械使用效果，必须做到按规定间隔期对机械进行保养，使之始终处于良好状况。合理组织施工，增加作业时间，提高时间利用率。提高技术水平和熟练程度，配备适当的维修人员排除故障。

（六）机械设备维修保养

（1）机械维修保养的指导思想是以预防为主，根据各种机械的规律、结构以及各种条件和磨损规律制定强制性的制度。机械的技术维修保养，按作业时间的不同，可分为定期保养和特殊保养两类，定期保养有日常保养和分级保养；特殊保养有跑合保养、换季保养、停用保养和封存保养等。

（2）分级保养一般按机械的运行时数来划分熬夜级别内容，而特殊保养一般是根据需要临时安排或列入短期计划进行的，也可结合定期保养进行，如停用保养、换季保养等。

（3）日常保养是操作人员在上下班和交接班时间进行保养作业，其内容为清洁、润滑、调整、紧固、防腐。重点是润滑系统、冷却系统、过滤系统、转向及行走系统、制动及安全装置等部位的检查调整。日常保养项目和部位较少，且大多数在机器外部，但都易损及要害部位。日常保养是确保机械正常运行的基本条件和基础工作。

（4）一级保养除进行日常保养的各作业项目外，还包括：

①清洗各种滤清器；②查看各处油面、水面和注油点，若有不足，应及时添加；③清除油箱、火花塞等污垢；④清除漏水、漏油、漏电现象；⑤调整皮带传动和链传动的松紧度；⑥检查和调整各种离合器、制动器、安全保护装置和操作机构等，保持其灵敏有效；⑦检查钢丝绳有无断丝，其连接及固定是否安全可靠；⑧检查各系统的传动装置是否出现松动、变形、裂纹、发热、异响、运转异常等，发现后及时修复、排除。

（5）在一般情况下，日常保养和一级保养由机械操纵人员负责进行，而维修人员负责二级以上的保养工作。

二、建筑现场料具管理

（一）施工现场料具管理制度

（1）材料验收登记制度。工地材料员对进场、进库的各种材料、工具、构件等办理验收手续，检验其出厂合格证（或检验报告），并填写规格、数量。施工现场应建立材料进场登记记录，包含日期、材料名称、规格型号、单位、数量、供货单位、检验状态、收料人等。对不符合质量、数量或规格要求的料具，材料员除拒绝验收外，还应建立相应记录。

（2）限额领料和退料制度。施工现场应明确限额领料的材料范围，规定剩余材料限时退回。领、退料均必须办理相关手续，注明用料单位工程和班组、材料名称、规格、数量及时间、批准人等。材料领发后，材料员应按保管和使用要求对班组进行跟踪检查和监督。现场限额领料登记应包含日期、材料名称、规格数量、单位、定额（领用）数量、节超记录、使用班组、领料人等。

（二）施工现场材料管理规定

（1）施工现场外临时存放材料，需经有关部门批准，并应按规定办理临时占地手续。材料要码放整齐，符合要求，不得妨碍交通和影响市容，堆放散料时应进行围挡，围挡高度不得低于1.8米。（2）贵重物品、易燃、易爆和有毒物品应及时入库，专库专管，增加明显标志，并建立严格的管理规定和领、退料手续。（3）材料场应有良好的排水措施，做到雨后无积水，防止雨水浸泡和雨后地基沉降，造成材料的损失。（4）材料现场应划分责任区，分工负责以保持材料场的整齐洁净。（5）材料进、出施工现场，要遵守门卫的查验制度。进场要登记，出场有手续。（6）材料出场必须由材料员出具材料调拨单，门卫核实后方准出场。调拨单交门卫一联保存备查。

第四节 施工现场安全生产管理

一、安全生产的概念

安全生产，是指在生产经营活动中，为避免造成人员伤害和财产损失的事故而采取相应的事故预防和控制措施，以保证从业人员的人身安全，保证生产经营活动得以顺利进行的相关活动。

二、现场安全生产管理的重要性

通过对作业现场进行有效的监控管理，可及时发现、纠正和消除人的不安全行为、物的不安全状态和环境的不安全条件，减少或防止各类生产安全事故的发生；可促进全员参与改善作业环境，提高员工安全生产素质；可直观地展示企业管理水平和良好形象。其重要性主要体现在以下几方面：

（1）各种生产要素都要通过生产现场转化为生产力，所有这些都要通过对生产现场的有效管理才能实现。

（2）企业安全生产管理的主战场在生产作业现场。

（3）安全生产不只是安全部门和安全管理人员的责任，必须依靠现场所有的人来共同完成。

（4）提高企业安全绩效必须通过生产作业过程的优化和有效控制才能实现。

三、安全控制的方针与目标

(一) 安全控制的方针

安全控制的目的是安全生产，因此安全控制的方针也应符合安全生产的方针，即安全第一，预防为主。

安全第一是把人身安全放在首位，生产必须保证人身安全，充分体现了以人为本的理念。

预防为主是实现安全第一的最重要手段，采取正确的措施和方法进行安全控制，从而减少甚至消除事故隐患，尽量把事故消灭在萌芽状态，这是安全控制最重要的思想。

(二) 安全控制的目标

安全控制的目标是减少和消除生产过程中的事故，保证人员健康安全和财产免受损失，具体包括：

(1) 减少或消除人的不安全行为的目标。

(2) 减少或消除设备、材料的不安全状态的目标。

(3) 改善生产环境和保护自然环境的目标。

(4) 安全管理的目标。

四、施工现场安全管理制度

为了进一步提高施工现场安全生产工作的管理水平，保障职工的生命安全和施工作业的顺利进行，特制定以下制度：

(1) 贯彻执行安全第一、预防为主的方针，坚持管生产必须管安全的原则。

(2) 开工前，在施工组织设计 (或施工方案) 中，必须有详细的施工平面布置图，运输道路、临时用电线路布置等工作的安排，均要符合安全要求。

（3）现场四周应有与外界隔离的围护设置，入口处应设置施工现场平面布置图，安全生产记录牌、工程概况牌等有关安全的设备。

（4）现场排水要有全面规划，排水沟应经常清理疏通，保持流畅。

（5）道路运输平坦，并保持畅通。

（6）现场材料必须按现场布图规定的地点分类堆放整齐、稳固。作业中留置的木材、钢管等剩余材料应及时清理。

（7）施工现场的安全施工，如安全网、护杆及各种限制保险装置等，必须齐全有效，不得擅自拆除或移动。

（8）施工现场的配电、保护装置以及避雷保护、用电安全措施等，要严格按照规定进行。

（9）用火用电和易爆物品的安全管理、现场消防设施和消防责任制度等应按消防要求周密考虑和落实。

（10）现场临时搭设的仓库、宿舍、食堂、工棚等都要符合安全、防火的要求。

五、施工项目安全管理措施

（一）施工项目安全管理组织措施

（1）建立施工项目安全组织系统——项目安全管理委员会。

（2）建立与施工项目安全组织系统相配套的各专业、部门、生产岗位的安全责任系统。

（3）建立安全生产责任制。安全生产责任制是指企业对项目经理部各级领导、各个部门和各类人员所规定的在他们各自职责范围内对安全生产应负责任的制度。安全生产责任制应根据管生产必须管安全、安全生产人人有责的原则，明确各级领导、各职能部门和各类人员在施工生产活动中应负的安全责任，其内容应充分体现权、责、利相统一的原则。

(二) 施工安全技术工作措施

施工安全技术工作措施是指为防止工伤事故和职业病的危害，从技术上采取的措施。在工程项目施工中，针对工程特点、施工现场环境、施工方法、劳力组织、作业方法使用的机械、动力设备、变配电设施、架设工具以及各项安全防护设施等制定的确保安全施工的预防措施，称为施工安全技术措施。

施工阶段安全控制要点如下：

（1）基础施工阶段：挖土机械作业安全，边坡防护安全，降水设备与临时用电安全，防水施工时的防火、防毒，人工挖扩孔桩安全。

（2）结构施工阶段：临时用电安全，内外架及洞口防护，作业面交叉施工，大模板和现场堆料防倒塌，机械设备的使用安全。

（3）装修阶段：室内多工种、多工序的立体交叉施工安全防护，外墙面装饰防坠落，做防水油漆的防火、防毒，临电、照明及电动工具的使用安全。

（4）季节性施工：雨季防触电、防雷击、防沉陷坍塌、防台风，高温季节防中暑、防中毒、防疲劳作业，冬季施工防冻、防滑、防火、防煤气中毒、防大风雪和防大雾。

(三) 安全教育

安全教育主要包括安全生产思想、安全知识、安全技能和法制教育四个方面的内容。

（1）安全生产思想教育：主要包括思想认识的教育和劳动纪律的教育。

（2）安全知识教育：企业所有员工都应具备的安全基本知识。

（3）安全技能教育：结合本工种专业特点，实现安全操作、安全防护所必须具备的基本技能知识要求。

（4）法制教育：采取各种有效形式，对员工进行安全生产法律法规、行政法规和规章制度方面的教育，从而提高全体员工学法、知法、懂法、守法的自觉性，以达到安全生产的目的。

（四）安全检查与验收

（1）安全检查的内容：主要是查思想、查制度、查机械设备、查安全设施、查安全教育培训、查操作行为、查劳保用品使用、查伤亡事故的处理等。

（2）安全检查的方法：

①看：主要查看管理记录、持证上岗、现场标识、交接验收资料，三宝使用情况，洞口、临边防护情况以及设备防护装置等。

②量：主要是用尺进行实测实量。例如，测量脚手架各种杆件间距、塔吊轨道距离、电气开关箱安装高度、在建工程邻近高压线距离等。

③测：用仪器、仪表实地进行测量，例如，用水平仪测量轨道纵、横向倾斜度，用地阻仪遥测地阻等。

④现场操作：由司机对各种限位装置，如塔吊的力矩限制器、行走限位、龙门架的超高限位装置、翻斗车制动装置

等进行实际动作，检验其灵敏程度。

（3）施工安全验收程序如下：

①脚手架杆件、扣件、安全网、安全帽、安全带以及其他个人防护用品，应有出厂证明或验收合格的凭据，由项目经理、技术负责人和施工队长共同审验。

②各类脚手架、堆料架、井字架、龙门架和支搭的安全网、立网由项目经理或技术负责人申报支搭方案并牵头，会同工程和安全主管部门进行检查验收。

③临时电气工程设施由安全主管部门牵头，会同电气工程师、项目经理、方案制定人和安全员进行检查验收。

④起重机械、施工用电梯由安装单位和使用工地的负责人牵头，会同有关部门检查验收。

⑤工地使用的中小型机械设备由工地技术负责人和工长牵头，进行检查验收。

⑥所有验收必须办理书面确认手续，否则无效。

第五节　现场文明施工与环境管理

一、施工现场文明施工的组织与管理

（一）文明施工的组织和制度管理

（1）施工现场应成立以项目经理为第一责任人的文明施工管理组织。分包单位应服从总包单位文明施工管理组织的统一管理，并接受监督检查。

（2）各项施工现场管理制度应有文明施工的规定，包括个人岗位责任制、经济责任制、安全检查制度、持证上岗制度、奖惩制度、竞赛制度和各项专业管理制度等。

（3）加强和落实现场文明检查、考核及奖惩管理，以促进施工文明管理工作的提高。检查范围和内容应该全面周到，包括生产区、生活区、场容场貌、环境文明及制度落实等内容。对检查发现的内容应该采取整改措施。

（二）建立收集文明施工的资料及其保存的措施

（1）上级关于文明施工的法律法规、标准、规定等资料；

（2）施工组织设计中对文明施工的管理规定，各阶段施工现场文明施工的措施；

（3）文明施工自检资料；

（4）文明施工教育、培训、考核计划资料；

（5）文明施工活动各项记录资料。

（三）加强文明施工的宣传和教育

（1）在坚持岗位练兵基础上，要采取派出去、请进来、短期培训、上技术课、登黑板报、广播、看录像、看电视等方法狠抓教育工作；

（2）要特别注意对临时工的岗前教育；

（3）专业管理人员应熟练掌握文明施工的规定。

二、现场文明施工与环境管理的意义

标准化文明施工，就是施工项目在施工过程中科学地组织安全生产，规范化、标准化管理现场，使施工现场按现代化施工的要求保持良好的施工环境和施工秩序，这是施工企业的一项基础性的管理工作。标准化文明施工实际上是建筑安全生产工作的发展、飞跃和升华，是树立以人为本的指导思想。在安全达标的基础上开展的创建文明工地活动、标准化文明施工，是现代化施工的一个重要标志，作为企业文化的一部分，具有重要意义。它是企业文化的有形载体，是企业视觉识别系统的补充和活化，有利于增强施工项目班子的凝聚力和集体使命感，是体现项目管理水平的依据之一，也是企业争取客户认同的重要手段。

建筑业在推动经济发展、改善人民生活的同时，其在生产活动中产生的大量污染物也严重影响了广大群众的生活质量。在环境总体污染中，与建筑业有关的环境污染所占比例相当大，包括噪声污染、水污染、空气污染、固体垃圾污染、光污染以及化学污染等。因此，加强对建筑施工现场进行科学管理、尽量减少各类污染的研究具有十分重要的现实意义。绿色建筑的理念是：节约能源、节约资源、保护环境、以人为本。在以人为本，坚持全面、协调、可持续的科学发展观，努力构建社会主义和谐社会的新形势下，倡导绿色施工，加强环境保护，实现人与环境的和谐相处，进一步提高施工现场的环境管理水平，是建筑施工企业光荣而神圣的历史使命。

三、施工现场文明施工与环境管理的方法

（一）施工现场文明施工管理要点

（1）主管挂帅。建筑单位成立由主要领导挂帅、各部门主要负责人参加的施工现场管理领导小组，在现场建立以项目管理班子为核心的现场管理组织体系。

（2）系统把关。各管理业务系统对现场的管理进行分工负责，每月组织检查，发现问题及时整改。

（3）普遍检查。对现场管理的检查内容，按达标要求逐项检查，填写检查报告，评定现场管理先进单位。

（4）建章建制。建立施工现场管理规章制度和实施办法，按章办事，不得违背。

（5）责任到人。管理责任不但明确到部门，而且各部门要明确到人，以便落实管理工作。

（6）落实整改。对出现的问题，一旦发现，必须采取措施纠正，避免再度发生。无论涉及哪一级、哪一部门、哪一个人，绝不能姑息迁就，必须整改落实。

（7）严明奖惩。成绩突出，应按奖惩办法予以奖励；出现问题，要按规定给予必要的惩罚措施。

（二）施工现场环境管理要点

（1）施工中需要停水、停电、封路而影响环境时，必须经有关部门批准、事先告示。

（2）施工单位应该保证施工现场道路畅通，排水系统处于良好的使用状态；保持场容地貌的整洁，随时清理建筑垃圾。在车辆、行人通行的地方施工时，应当设置沟井坎穴覆盖物和施工标志。

（3）妥善处理泥浆水。泥浆水未经处理不得直接排入城市排水设施和河流、湖泊、池塘。

（4）除设有符合规定的装置外，不得在施工现场熔融沥青或者焚烧油毡、油漆以及其他会产生有毒有害烟尘和其他恶臭的物质。

（5）使用密封式的圈筒或者采取其他措施处理高空废弃

物。建筑垃圾、渣土应在指定地点堆放，每日进行清理。

（6）采取有效措施控制施工过程中的扬尘。

（7）禁止将有毒有害废弃物用作土方回填。

（8）对产生噪声、振动的施工机械，应采取有效控制措施，减轻噪声扰民。

四、现场文明施工的基本要求

（1）施工现场必须设置明显的标牌，标明工程项目名称、建设单位、设计单位、施工单位、项目经理和施工现场总代表人的姓名，开、竣工日期，施工许可证批准文号等。施工单位负责施工现场标牌的保护工作。

（2）施工现场的管理人员在施工现场应当佩戴证明其身份的证卡。

（3）应当按照施工总平面布置图设置各项临时设施。现场堆放的大宗材料、成品、半成品和机具设备不得侵占场内道路及安全防护等设施。

（4）施工现场的用电线路、用电设施的安装和使用必须符合安装规范和安全操作规程，并按照施工组织设计进行架设，严禁任意拉线接电。

（5）施工机械应当按照施工总平面布置图规定的位置和线路设置，不得任意侵占场内道路。

（6）应保证施工现场道路通畅、排水系统处于良好的使用状态；保持场容场貌的整洁，随时清理建筑垃圾。

（7）施工现场的各种安全设施和劳动保护器具必须定期进行检查和维护，及时消除隐患，保证其安全有效。

（8）施工现场应当设置各类必要的职工生活设施，并符合卫生、通风、照明等要求。职工的膳食、饮水供应等应当符合卫生要求。

（9）应当做好施工现场安全保卫工作，采取必要的防盗措施，在现场周边设立围护设施。

（10）应当严格依照《中华人民共和国消防条例》的规定，在施工现场建立和执行防火管理制度。

（11）施工现场发生工程建设重大事故的处理，应依照《工程建设重大事故报告和调查程序规定》执行。

五、现场环境管理

（1）现场环境管理的目的是依据国家、地方和企业制定的一系列环境管理及相关法律、法规、政策、文件和标准，通过控制作业现场对环境的污染和危害，保护施工现场周边的自然生态环境，创造一个有利于施工人员身心健康，最大限度地减少对施工人员造成职业损害的作业环境，同时考虑能源节约和避免资源的浪费。

（2）现场环境管理的任务包括：项目经理部通过一系列指挥、控制、组织与协调活动，评价施工活动可能会带来的环境影响，制定环境管理的程序，规划并实施环境管理方案，检验环境管理成效，保持环境管理成果，持续改进环境管理工作，以现场环境管理目标的实现保证整个建设项目环境管理目标的实现。

六、施工现场环境保护与卫生管理

施工现场的环境保护工作是整个城市环境保护工作的一部分，施工现场必须满足城市环境保护工作的要求。

（一）防止大气污染

（1）施工现场垃圾要及时清运，适量洒水，减少扬尘。对高层或多层施工垃圾，必须搭设封闭临时专用垃圾道或采用容器吊运，严禁随意凌空抛撒造成扬尘。

（2）对水泥等粉细散装材料，应尽量采取库内存放，如露天存放，则应采用严密遮盖，卸运时要采取有效措施，减少扬尘。

（3）施工现场应结合设计中的永久道路布置施工道路，道路基层做法应按设计要求执行，面层可采用焦渣、细石沥青或混凝土，以减少道路扬尘，同时要随时修复因施工而损坏的路面，防止产生浮土。

（4）运输车辆不得超量运载，运输工程土方、建筑渣土或其他散装材料不得超过槽帮上沿；运输车辆出现场前，应将车辆槽帮和车轮冲洗干净，防止带泥土的运输车辆驶出现场和遗撒渣土在路途中。

（5）对施工现场的搅拌设备，必须搭设封闭式围挡及安装喷雾除尘装置；

（6）施工现场要制定洒水降尘制度，配备洒水设备，设专人负责现场洒水降尘并及时清理浮土；

（7）拆除旧建筑物时，应配合洒水，减少扬尘污染。

（二）防止水污染

（1）凡需进行混凝土、砂浆等搅拌作业的现场，必须设置沉淀池。排放的废水要排入沉淀池内，经两次沉淀后，方可排入市政污水管线或回收用于洒水降尘，未经处理的泥浆水严禁直接排入城市排水设施和河流。

（2）凡进行现制水磨石作业产生的污水，必须控制污水流向，防止蔓延，并在合理的位置设置沉淀池，经沉淀后，方可排入污水管线。施工污水严禁流出工地，污染环境。

（3）施工现场临时食堂的污水排放控制，要设置简易有效的隔油池，产生的污水经下水管道排放要经过隔油池，平时加强管理，定期掏油，防止污染。

（4）施工现场要设置专用的油漆和油料库，油库地面和墙面要做防渗漏的特殊处理，使用和保管要由专人负责，防止油料的跑、冒、滴、漏，并防止污染水体。

（5）禁止将有毒有害废弃物用作土方回填，以防污染地下水和环境。

（三）防止噪声污染

（1）施工现场应遵照《建筑施工场界噪声限值》制定降噪的相应制度和措施。

（2）凡在居民稠密区进行噪声作业，必须严格控制作业时间，若遇到特殊情况需连续作业，应按规定办理夜间施工证。

（3）产生强噪声的成品、半成品加工和制作作业应放在工厂、车间完成，减少因施工现场加工制作而产生的噪声。

（4）对施工现场强噪声机械，如搅拌机、电锯、电刨、砂轮机等，要设置封闭的机械棚，以减少强噪声的扩散。

（5）加强施工现场的管理，特别要杜绝人为敲打、尖叫、野蛮装卸噪声等，最大限度地减少噪声扰民。

（四）现场住宿及生活设施的环境卫生管理

（1）施工现场应设置符合卫生要求的厕所，有条件的应设水冲式厕所，厕所应有专人负责管理。

（2）食堂建筑、食堂卫生必须符合有关卫生要求，如炊事员必须有卫生防疫部门颁发的体检合格证，生熟食应分别存放，食堂炊事人员穿白色工作服，食堂卫生定期检查等。

（3）施工现场应按作业人员的数量设置足够使用的淋浴设施，淋浴室在寒冷季节应有暖气、热水，淋浴室应有管理制度和专人管理。

（4）生活垃圾应及时清理，集中运送装入容器，不能与施工垃圾混放，并设专人管理。

第六节　施工现场主要内业资料管理

一、施工单位技术资料编制

（1）施工质量管理资料：单位工程开工报告、质量技术交底、施工日志、工程质量事故报告。

（2）施工质量控制资料：图纸会审记录、技术核定单、工程变更单、建筑物定位测量记录、建筑工程隐蔽验收记录、地基验槽记录、砌筑砂浆强度评定、混凝土强度合格评定。

（3）安全及主要功能资料：沉降观测记录、防水工程抗渗试验记录、卫生器具蓄水试验记录、避雷接地电阻测试记录、通风与空调工程系统风量测试记录、电梯负荷运行试验记录。

二、施工质量管理资料

(一) 单位工程开工报告

单位工程开工报告是单位工程具备开工条件后，由施工单位按合同规定向监理单位递交的开工报告，经监理单位审查签署同意后才能开工，是单位工程开工的依据。主要内容应包括：施工机构的建立，质检体系、安全体系的建立，劳力安排，材料、机械及检测仪器设备进场情况，水电供应，临时设施的修建，施工方案的准备情况等。

(二) 质量技术交底

技术交底是指单位工程开工前和分部分项工程施工前，使参与施工的技术人员及操作人员对工程及技术要求等做到心中有数，便于科学地组织施工和按既定的程序及工艺进行操作，进而确保实现工程质量、安全、工期、成本等管理目标的重要技术管理工作。

施工技术交底的内容包括如下几项：

（1）工地（队）交底中有关内容：是否具备施工条件、与其他工种之间的配合与矛盾等，可向甲方提出要求，让其出面协调等。

（2）施工范围、工程量、工作量和施工进度要求：主要根据自己的实际情况，实事求是地向甲方说明即可。

（3）施工图纸的解说：设计者的大体思路以及自己以后在施工中存在的问题等。

（4）施工方案措施：根据工程的实况，编制出合理、有效的施工组织设计以及安全文明施工方案等。

（5）操作工艺和保证质量安全的措施：先进的机械设备和高素质的工人等。

（6）工艺质量标准和评定办法：参照现行的行业标准以及相应的设计、验收规范。

（7）技术检验和检查验收要求：包括自检以及监理抽检的标准。

（8）增产节约指标和措施。

（9）技术记录内容和要求。

（10）其他施工注意事项。

（三）施工日志

施工日志也叫作施工日记，是对建筑工程整个施工阶段的施工组织管理、施工技术等有关施工活动和现场情况变化的真实综合性记录，也是处理施工问题的备忘录和总结施工管理经验的基本素材，是工程交竣工验收资料的重要组成部分。施工日志可按单位、分部工程或施工工区（班组）建立，由专人负责收集、填写、保管。

施工日志的主要内容为：日期、天气、气温、工程名称、施工部位、施工内容、应用的主要工艺；人员、材料、机械到场及运行情况；材料消耗记录、施工进展情况记录；施工是否正常；外界环境、地质变化情况；有无意外停工；有无质量问题存在；施工安全情况；监理到场及对工程认证和签字情况；有无上级或监理指令及整改情况等。记录人员要签字，主管领导要定期阅签。

（四）工程质量事故报告

质量事故是指工程在建设过程中或交付使用后，由于违反基本建设程序、勘察、设计、施工、材料设备或其他原因造成的不符合国家质量检验评定标准要求的，需要进行结构加固及返工处理，甚至造成房屋倒塌、人员伤亡等事故。

工程质量事故的分类方法较多，我国对工程质量事故通常采用按造成损失严重程度划分，可分为一般质量问题、一般质量事故和重大质量事故三类。重大质量事故又划分为一级重大事故、二级重大事故、三级重大事故。

三、施工质量控制资料

(一) 图纸会审记录

图纸会审是对工程有关各方面在接到施工图纸，并对施工图进行熟悉、预审的基础上，由监理单位或建设单位在开工前组织设计、施工单位的技术负责人、专业或项目负责人和质量监理部门一起共同对设计图纸进行的审核工作。

(二) 图纸会审内容

(1) 是否无证设计或越级设计，图纸是否经设计单位正式签署。

(2) 地质勘探资料是否齐全。

(3) 设计图纸与说明是否齐全，有无分期供图的时间表。

(4) 设计地震烈度是否符合当地要求。

(5) 几个设计单位共同设计的图纸相互之间有无矛盾；专业图纸之间、平立剖面图之间有无矛盾；标注有无遗漏。

(6) 总平面与施工图的几何尺寸、平面位置、标高等是否一致。

(7) 防火、消防是否满足要求。

（8）建筑结构与各专业图纸本身是否有差错及矛盾；结构图与建筑图的平面尺寸及标高是否一致；建筑图与结构图的表示方法是否清楚；是否符合制图标准；预埋件是否表示清楚；有无钢筋明细表；钢筋的构造要求在图中是否表示清楚。

（9）施工图中所列各种标准图册，施工单位是否具备。

（10）材料来源有无保证，能否代换；图中所要求的条件能否满足；新材料、新技术的应用有无问题。

（11）地基处理方法是否合理，建筑与结构构造是否存在不能施工、不便于施工的技术问题，或容易导致质量、安全、工程费用增加等方面的问题。

（12）工艺管道、电气线路、设备装置、运输道路与建筑物之间或相互间有无矛盾，布置是否合理，是否满足设计功能要求。

（13）施工安全、环境卫生有无保证。

（14）图纸是否符合监理大纲所提出的要求。

（三）地基验槽记录

地基与基础工程验槽由建设单位组织勘察单位、设计单位、施工单位、监理单位共同检查验收，主要内容包括地基是否满足设计、规范等有关要求，是否与地质勘查报告中土质情况相符，包括基坑（槽）、基地开挖到设计标高后，应进行工程地质检验，对各种组砌基础、混凝土基础（包括设备基础）、桩基础、人工地基等做好隐蔽记录。例如，对基坑（槽）挖土验槽的内容有如下一些：

（1）验收时间为各方共同检查验收日期；

（2）基槽（坑）位置、几何尺寸、槽底标高均按验收实测记录填写；

（3）土层走向、厚度、土质有变化的部位，用图示加以说明；

（4）槽底土质类别、颜色及坚硬均匀情况；

（5）地下水位及水浸情况等；

（6）遇有古坟、枯井、洞穴、电缆、旧房基础以及流沙等，应在图中标明位置、标高、处理情况说明或写明变更文件编号。

检查验收意见：写明地基是否满足设计、规范等有关要求；是否与地质勘查报告中土质情况相符。验槽由建设单位组织地质勘查部门、设计院、建设、监理单位及施工有关人员参加，共同检验做出记录并签字。无验槽手续不得进行下一道工序施工。

四、安全及主要功能资料

沉降观测应根据建筑物设置的观测点与固定（永久性水准点）的测点进行观测，测其沉降程度用数据表达，凡三层以上建筑、构筑物设计要求设置观测点，人工、土地基（砂基础）等，均应设置沉陷观测，施工中应按期或按层进度进行观测和记录，直至竣工。

沉降观测资料应及时整理并妥善保存，作为该工程技术档案的一部分。

（1）根据水准点测量得出的每个观测点和其逐次沉降量（沉降观测成果表）。

（2）根据建筑物和构筑物平面图绘制的观测点的位置图，

根据沉降观测结果绘制的沉降量、地基荷载与延续时间三者的关系曲线图（要求每一观测点均应绘制曲线图）。

（3）计算出建筑物和构筑物的平均沉降量、相对弯曲和相对倾斜值。

（4）水准点的平面布置图和构造图，测量沉降的全部原始资料。

（5）根据上述内容编写的沉降观测分析报告（其中应附有工程地质和工程设计的简要说明）。

第六章　施工进度计划控制与管理

第一节　施工进度计划控制概述

建设工程项目是在动态条件下实施的，因此施工进度计划的控制也必须是一个动态的管理过程，它包括以下内容：

（1）对进度目标的分析和论证，目的是论证进度目标是否合理、进度目标有没有可能实现。如果经过科学的论证，目标不可能实现，则必须调整目标。（2）在收集资料和调查研究的基础上编制进度计划。（3）进度计划的跟踪检查与调整，包括定期跟踪检查所编制进度计划的执行情况，若其执行有偏差，即采取纠偏措施，并根据情况调整进度计划。

一、施工进度计划控制的目的

施工进度计划控制的目的，是通过控制以实现工程的进度目标。如果只重视进度计划的编制而不重视进度计划必要的检查与调整，则进度无法得到控制。为了实现进度目标，进度控制的过程也就是随着项目的进展，对进度计划不断检查和调整的过程。

施工进度计划控制，主要包括施工进度计划的检查和施工进度计划的调整两个方面。施工进度计划控制不但关系到施工进度目标能否实现，而且还直接关系到工程的质量和成本。在工程施工实践中，必须在确保工程质量的前提下控制工程进度。为了有效地控制施工进度，必须深入理解以下方面：

（1）整个建设工程项目的进度目标如何确定。

（2）有哪些影响整个建设工程项目进度目标实现的主要因素。

（3）如何正确处理工程进度和工程质量之间的关系。

（4）施工方在整个建设工程项目进度目标实现中的地位和作用。

（5）影响施工进度目标实现的主要因素。

（6）施工进度控制的基本理论、方法、措施和手段等。

二、影响施工进度的因素

建设工程具有规模庞大、工程结构与工艺技术复杂、建设周期长及相关单位多等特点，决定了建设工程施工进度将受到许多因素的影响。要想有效地控制建设工程施工进度，就必须对影响施工进度的有利因素和不利因素进行全面、细致的分析和预测。这一方面可以促进对有利因素的充分利用和对不利因素的妥善预防，另一方面也便于事先制定预防措施、事中采取有效对策、事后进行妥善补救，以缩小实际进度与计划进度的偏差，实现对建设工程施工进度的主动控制和动态控制。

影响建设工程施工进度的不利因素很多，如人为因素，技术因素，设备、材料及构配件因素，机具因素，资金因素，水文、地质与气象因素，以及其他自然与社会环境等方面的因素，其中人为因素是最大的干扰因素。常见的影响因素如下。

（1）业主因素。如业主使用要求改变而进行设计变更，应提供的施工场地条件不能及时提供或所提供的场地不能满足工程正常需要，不能及时向施工承包单位或材料供应商付款等。

（2）勘察设计因素。如勘察资料不准确，特别是地质资料错误或遗漏；设计内容不完善，规范应用不恰当，设计有缺陷或错误；设计对施工的可能性未考虑或考虑不周；施工图纸供应不及时、不配套或出现重大差错等。

（3）施工技术因素。如施工工艺错误，不合理的施工方案，施工安全措施不当，不可靠技术的应用等。

（4）自然环境因素。如复杂的工程地质条件，不明的水文气象条件，地下埋藏文物的保护、处理，洪水、地震、台风等不可抗力。

（5）社会环境因素。如外单位临近工程的施工干扰；节假日交通、市容整顿的限制；临时停水、停电、断路；在国外常见的法律及制度变化，经济制裁、战争、骚乱、罢工、企业倒闭等。

（6）组织管理因素。如向有关部门提出各种申请审批手续的延误；合同签订时遗漏条款、表达失当；计划安排不周密，组织协调不力，导致停工待料、相关作业脱节；领导不力、指挥失当，使参加工程建设的各个单位、各个专业、各个施工过程之间交接和配合上发生矛盾等。

（7）材料、设备因素。如材料、构配件、机具、设备供应环节的差错，品种、规格、质量、数量、时间不能满足工程的需要；特殊材料及新材料的不合理使用；施工设备不配套，选型失当，安装失误，有故障等。

（8）资金因素。如有关方拖欠资金、资金不到位、资金短缺、汇率浮动和通货膨胀等。

三、施工进度计划检查的思路

在建设工程实施过程中，应经常地、定期地对施工进度计划的执行情况跟踪检查，发现问题后及时采取措施加以解决。施工进度计划检查的思路如下：

（1）施工进度计划的实施。根据施工进度计划的要求制定各种措施，按预定的施工计划进度安排建设工程各项工作。

（2）实际施工进度数据的收集及加工处理。对施工进度计划的执行情况进行跟踪检查是计划执行信息的主要来源，是进度分析和调整的依据，也是施工进度控制的关键步骤。跟踪检查的主要工作是定期收集反映工程实际进度的有关数据，收集的数据应当全面、真实、可靠，不完整或不正确的进度数据将导致判断不准确或决策失误。为了进行实际进度与计划进度的比较，必须对收集到的实际进度数据进行加工处理，形成与计划进度具有可比性的数据。如对检查时段实际完成工作量的进度数据进行整理、统计和分析，确定本期累计完成的工作量、本期已完成的工作量占计划工作量的百分比等。

（3）实际进度与计划进度的比较。将实际进度数据与计划进度数据进行比较，可以确定建设工程实际执行状况与计划目标之间的差距。为了直观反映实际进度偏差，通常采用表格或图形进行实际进度与计划进度的对比分析，从而得出实际进度比计划进度超前、滞后还是一致的结论。

（4）若实际进度与计划进度不一致，应对计划进行调整或对实际工作进行调整，使实际进度与计划进度尽可能一致。

四、施工进度计划调整的思路

在建设工程施工进度检查过程中，一旦发现实际进度偏离计划进度，即出现进度偏差时，必须认真分析产生偏差的原因及其对后续工作和总工期的影响，必要时采取合理、有效的施工进度计划调整措施，确保进度总目标的实现。施工进度计划调整的基本思路如下。

（1）分析进度偏差产生的原因。通过实际进度与计划进度的比较，发现进度偏差时，为了采取有效措施调整进度计划，必须深入现场进行调查，分析产生进度偏差的原因。

（2）分析进度偏差对后续工作和总工期的影响。当查明进度偏差产生的原因之后，要分析进度偏差对后续工作和总工期的影响程度，以确定是否应采取措施调整进度计划。

（3）确定后续工作和总工期的限制条件。当出现的进度偏差影响到后续工作或总工期而需要采取进度调整措施时，应当首先确定可调整进度的范围，主要指关键节点、后续工作的限制条件及总工期允许变化的范围。这些限制条件往往与合同条件中的自然因素和社会因素有关，需要认真分析后确定。

（4）采取措施调整进度计划。采取进度调整措施，应以后续工作和总工期的限制条件为依据，确保要求的进度目标得以实现。

（5）实施调整后的进度计划。计划调整之后，应采取相应的保障措施（组织、经济、技术和管理等措施）付诸执行，并继续监测其执行情况。

第二节　施工进度计划的控制措施

施工进度计划的控制措施包括组织措施、经济措施、技术措施和管理措施，其中最重要的措施是组织措施，最有效的措施是经济措施。

一、组织措施

施工进度计划控制的组织措施包括以下内容。

（1）系统的目标决定了系统的组织，组织是目标能否实现的决定性因素，因此首先应建立项目的进度控制目标体系。

（2）充分重视健全项目管理的组织体系，在项目组织结构中应有专门的工作部门和符合进度控制岗位资格的专人负责进度控制工作。进度控制的主要工作环节，包括进度目标的分析和论证、编制进度计划、定期跟踪进度计划的执行情况、采取纠偏措施及调整进度计划，这些工作任务和相应的管理职能应在项目管理组织设计的任务分工表和管理职能分工表中标示并落实。

（3）建立进度报告、进度信息沟通网络、进度计划审核、进度计划实施中的检查分析、图纸审查、工程变更和设计变更管理等制度。

（4）应编制项目进度控制的工作流程，如确定项目进度计划系统的组成，确定各类进度计划的编制程序、审批程序和计划调整程序等。

（5）进度控制工作包含了大量的组织和协调工作，而会议是组织和协调的重要手段，建立进度协调会议制度时，应进行有关进度控制会议的组织设计，以明确会议的类型，各类会议的主持人及参加单位和人员，各类会议的召开时间、地点，各类会议文件的整理、分发和确认等。

二、经济措施

施工进度计划控制的经济措施包括以下内容。

（1）为确保进度目标的实现，应编制与进度计划相适应的资源需求计划（资源进度计划），包括资金需求计划和其他资源（人力和物力资源）需求计划，以反映工程实施的各时段所需要的资源。通过资源需求的分析，可发现所编制的进度计划实现的可能性，若资源条件不具备，应调整进度计划，同时考虑可能的资金总供应量、资金来源（自有资金和外来资金）及资金供应的时间等。

（2）及时办理工程预付款及工程进度款支付手续。

（3）在工程预算中应考虑加快工程进度所需要的资金，其中包括为实现进度目标将要采取的经济激励措施所需要的费用，如对应急赶工给予的优厚赶工费用及对工期提前给予的奖励等。

（4）对工程延误收取的误期损失赔偿金。

三、技术措施

施工进度计划控制的技术措施包括以下内容。

（1）不同的设计理念、设计技术路线、设计方案会对工程进度产生不同的影响，在设计工作的前期特别是在设计方案评审和选用时，应对设计技术与工程进度的关系进行分析比较。

（2）采用技术先进和经济合理的施工方案，改进施工工艺、施工技术和施工方法，选用更先进的施工机械。

四、管理措施

建设工程项目施工进度计划控制的管理措施涉及管理的思想、管理的方法、管理的手段、承发包模式、合同管理和风险管理等。在理顺组织的前提下，科学和严谨的管理就显得十分重要。施工进度计划控制采取相应的管理措施时必须注意以下问题。

（1）建设工程项目施工进度计划控制在管理观念方面存在的主要问题是：缺乏进度计划系统的观念，分别编制各种独立而互不联系的计划，形成不了计划系统；缺乏动态控制的观念，只重视计划的编制，而不重视及时进行计划的动态调整；缺乏进度计划多方案比较和选优的观念。合理的进度计划应体现资源的合理使用、工作面的合理安排，有利于提高建设质量，有利于文明施工和合理缩短建设周期。因此对于建设工程项目施工进度计划控制，必须有科学的管理思想。

（2）用工程网络计划的方法编制施工进度计划必须严谨地分析和考虑工作之间的逻辑关系，通过工程网络的计算可发现关键工作和关键路线，也可知道非关键工作可利用的时差。工程网络计划的方法有利于实现施工进度计划控制的科学化，是一种科学的管理方法。

（3）重视信息技术（包括相应的软件、局域网、互联网及数据处理设备）在施工进度计划控制中的应用。虽然信息技术对施工进度计划控制而言只是一种管理手段，但它的应用有利于提高信息处理的效率、提高信息的透明度、促进进度信息的交流和项目各参与方的协同工作。

（4）承发包模式的选择直接关系到工程实施的组织和协调。为了实现进度目标，应选择合理的合同结构，避免过多的合同交界面而影响工程的进展。

（5）加强合同管理和索赔管理，协调合同工期与进度计划的关系，保证合同中进度目标的实现；同时严格控制合同变更，尽量减少由于合同变更引起的工程拖延。

（6）为实现进度目标，不仅应进行进度控制，还应注意分析影响工程进度的风险并采取管理措施，以减少进度失控的风险量。常见的影响工程进度的风险，有组织风险、管理风险、合同风险、资源（人力、物力和财力）风险及技术风险等。

第三节　施工进度计划的检查与调整

在项目实施过程中，必须对进展过程实施动态监测与检查，随时监控项目的进展情况、收集实际进度数据，并与进度计划进行对比分析。若出现偏差，应找出原因及对工期的影响程度，采取相应有效的措施做出必要的调整，使项目按预定的进度目标进行。这一不断循环的过程即称为进度控制。

施工进度计划的实施与施工进度计划的检查是融和在一起的。施工进度计划的比较分析与计划调整是建筑施工项目进度控制的主要环节，其中施工进度计划的检查是施工进度计划调整的基础，也是调整和分析的依据，因此施工进度计划的检查是施工进度计划控制的关键。

一、施工进度计划的实施

工程施工进度计划的实施就是施工活动的进展，也就是利用施工进度计划指导和控制施工活动、落实和完成施工进度计划。工程施工进度计划逐步实施的过程，就是工程施工建造逐步完成的过程，要保证工程施工进度计划顺利实施并尽量按审批好的计划时间逐步开展，保证各进度目标的实现并按期交付使用。

施工进度计划在实施过程中，需要注意以下事项。

（1）掌握计划实施情况。

（2）组织施工中各阶段、环节、专业、工种相互密切配合。

（3）协调外部供应、总分包等各方面的关系。

（4）采取各种措施排除各种干扰和矛盾，保证连续均衡施工。

（5）对关键部位要组织有关人员加强监督检查，发现问题及时解决。

二、施工进度计划的检查

（一）施工进度计划的检查内容

施工进度计划的检查内容包括以下方面。

（1）随着项目进展，不断观测每一项工作的实际开始时间、实际完成时间、实际持续时间、目前现状等内容，并加以记录。

（2）定期观测关键工作的进度和关键线路的变化情况，并采取相应措施进行调整。

（3）观测检查非关键工作的进度，以便更好地发掘潜力，调整或优化资源，以保证关键工作按计划实施。

（4）定期检查工作之间的逻辑关系变化情况，以便适时进行调整。

（5）检查有关项目范围、进度目标、保障措施变更的信息等并加以记录。

对项目施工进度计划进行监测后，应形成书面进度报告。项目进度报告的内容主要包括：进度执行情况的综合描述，实际施工进度，资源、供应进度，工程变更、价格调整、索赔及工程款收支情况，进度偏差状况及导致偏差的原因分析，解决问题的措施，计划调整意见。

一般应根据施工项目的类型、规模、施工条件和对进度执行要求的程度确定检查时间和间隔时间，常规性检查可确定为每月、半月、旬或周进行一次。在计划执行过程中突然出现意外情况时，可进行应急检查，以便采取应急调整措施，如施工中遇到天气、资源供应等不利因素严重影响时，间隔时间可临时缩短。同时，对施工进度有重大影响的关键施工作业可每日检查或派人驻现场督阵。跟踪检查施工实际进度是项目施工进度控制的关键内容。

(二) 施工进度计划的检查方法

施工进度计划的检查方法主要是对比法，即将实际进度与计划进度进行对比，从而发现偏差，以便调整或修改计划。

施工进度计划检查的步骤如下。

(1) 将收集的实际进度数据和资料进行整理加工，使之与相应的进度计划具有可比性。

(2) 将整理后的实际数据资料与施工进度计划进行比较。

(3) 得出实际进度与计划进度是否存在偏差（相一致、超前、落后）的结论。常用的施工实际进度与施工计划进度的比较方法有横道图比较法、S曲线比较法、香蕉形曲线比较法、前锋线比较法、列表比较法等。

1. 横道图比较法

横道图比较法是指将项目实施过程中检查实际进度收集到的数据，经加工整理后直接用横道线平行绘制于原计划的横道线处，进行实际进度与计划进度比较的方法。采用横道图比较法，可以形象、直观地反映实际进度与计划进度的比较情况。

如果工作的进展速度是变化的，则不能采用上述方法进行实际进度与计划进度的比较，否则会得出错误的结论。当工作在不同单位时间里的进展速度不相等时，累计完成的任务量与时间的关系就不可能是线性关系，此时就应采用非匀速进展横道图比较法进行工作实际进度与计划进度的比较。非匀速进展横道图比较法在此不再赘述。

横道图比较法比较简单、形象直观、易于掌握、使用方便，但由于其以横道计划为基础，因而带有不可克服的局限性。在横道计划中，各项工作之间的逻辑关系表达不明确，关键工作和关键线路无法确定。一旦某些工作实际进度出现偏差时，难以预测其对后续工作和工程总工期的影响，也就难以确定相应的进度计划调整方法。因此横道图比较法主要用于工程项目中某些工作实际进度与计划进度的局部比较。

2.S 曲线比较法

S 曲线比较法是以横坐标表示时间，纵坐标表示累计完成任务量，绘制一条按计划时间累计完成任务量的 S 曲线，然后将工程项目实施过程中各检查时间实际累计完成任务量的 S 曲线也绘制在同一坐标系中，进行实际进度与计划进度比较的一种方法。

从整个工程项目实际进展全过程来看，单位时间投入的资源量一般是开始和结束时较少，中间阶段较多，与其相对应，单位时间完成的任务量也呈同样的变化规律。而随工程进展累计完成的任务量则相应呈 S 形变化，S 曲线即由此得名，它可以反映整个工程项目进度的快慢信息。

同横道图比较法一样，S 曲线比较法也是在图上进行工程项目实际进度与计划进度的直观比较。在工程项目实施过程中，按照规定时间将检查收集到的实际累计完成任务量绘制在原计划S曲线图上，即可得到实际进度S曲线。通过比较实际进度S曲线和计划进度S曲线，可以获得如下信息。

（1）工程项目的实际进展状况。如果工程实际进展点落在计划S曲线左侧，则表明此时实际进度比计划进度超前；如果工程实际进展点落在S计划曲线右侧，则表明此时实际进度拖后；如果工程实际进展点正好落在计划S曲线上，则表示此时实际进度与计划进度一致。

（2）工程项目实际进度超前或拖后的时间。在S曲线比较图中可以直接读出实际进度比计划进度超前或拖后的时间。

（3）工程项目实际超额或拖欠的任务量。在S曲线比较图中也可直接读出实际进度比计划进度超额或拖欠的任务量。

（4）后期工程进度预测。如果后期工程按原计划速度进行，则可做出后期工程计划S曲线。

3. 香蕉形曲线比较法

香蕉形曲线是两条S曲线组合形成的闭合曲线。从S曲线比较法可知：某一施工项目，计划时间和累计完成任务量之间的关系都可以用一条S曲线表示。一般说来，任何一个施工项目的网络计划，都可以绘制出两条曲线，其一是以各项工作的计划最早开始时间安排进度而绘制的S曲线，称为ES曲线；其二是以各项工作的计划最迟开始时间安排进度而绘制的S曲线，称为LS曲线。两条S曲线都是从计划的开始时刻开始和完成时刻结束，因此两条曲线是闭合的。其余时刻，ES 曲线上的各点一般均落在 LS 曲线相应点的左侧，形成一个形如香蕉的曲线，故此称为香蕉形曲线。

在项目的实施中，进度控制的理想状况是任一时刻按实际进度描出的点落在该香蕉形曲线的区域内。

香蕉形曲线比较法的作用：利用香蕉形曲线可合理安排进度；将施工实际进度与计划进度进行比较，可确定在检查状态下，后期工程的 ES 曲线和 LS 曲线的发展趋势。

4.前锋线比较法

前锋线比较法是通过绘制某检查时刻工程项目的实际进度前锋线，进行工程施工实际进度与计划进度比较的方法，它主要适用于时标网络计划。

所谓前锋线，是指在原时标网络计划上，从检查时刻的时标点出发，用点画线依次将各项工作实际进展位置点连接而形成的折线。其主要方法是从检查时刻的时标点出发，首先连接与其相邻工作箭线的实际进度点，由此再去连接该工作相邻工作箭线的实际进度点，依此类推。将检查时刻正在进行工作的点都依次连接起来，组成一条一般为折线的前锋线，按前锋线与箭线交点的位置可判定施工实际进度与计划进度的偏差。简而言之，前锋线比较法就是通过实际进度前锋线与原进度计划中各工作箭线交点的位置来判断工作实际进度与计划进度的偏差，进而判定该偏差对后续工作及总工期影响程度的一种方法。

采用前锋线比较法进行实际进度与计划进度的比较，其步骤如下。

（1）绘制时标网络计划图。工程项目实际进度前锋线在时标网络计划图上标示。为清楚起见，可在时标网络计划图的上方和下方各设一时间坐标。

（2）绘制实际进度前锋线。一般从时标网络计划图上方时间坐标的检查日期开始绘制，依次连接相邻工作的实际进展位置点，最后与时标网络计划图下方坐标的检查日期相连接。

工作实际进展位置点的标定方法有两种：一种是按该工作已完任务量比例进行标定，假设工程项目中各项工作均为匀速进展，根据实际进度检查时刻该工作已完成任务量占其计划完成总任务量的比例，在工作箭线上从左至右按相同的比例标定其实际进展位置点；另一种是按尚需作业时间进行标定，当某些工作的持续时间难以按实物工程量来计算而只能凭经验估算时，可以先估算出检查时刻到该工作全部完成尚需作业的时间，然后在该工作箭线上从右向左逆向标定其实际进展位置点。

（3）进行实际进度与计划进度的比较。前锋线可以直观反映出检查日期有关工作实际进度与计划进度之间的关系。对某项工作来说，其实际进度与计划进度之间的关系可能存在以下三种情况：一是工作实际进展位置点落在检查日期的左侧，表明该工作实际进度拖后，拖后时间为两者之差；二是工作实际进展位置点与检查日期重合，表明该工作实际进度与计划进度一致；三是工作实际进展位置点落在检查日期的右侧，表明该工作实际进度超前，超前的时间为两者之差。

（4）预测进度偏差对后续工作及总工期的影响。通过实际进度与计划进度的比较确定进度偏差后，还可根据工作的自由时差和总时差预测该进度偏差对后续工作及项目总工期的影响。由此可见，前锋线比较法既适用于工作实际进度与计划进度之间的局部比较，又可用来分析和预测工程项目的整体进度状况。需要注意的是，以上比较是针对匀速进展的工作。

5. 列表比较法

当采用无时间坐标网络图计划时，也可以采用列表分析法比较项目施工实际进度与计划进度的偏差情况。该方法是记录检查时正在进行的工作名称和已进行的天数，然后列表计算有关参数，根据原有总时差和尚有总时差判断实际进度与计划进度的比较方法。

列表比较法的步骤如下。

（1）计算检查时正在进行的工作尚需要的作业时间。

（2）计算检查的工作从检查日期到最迟完成时间的尚余时间。

（3）计算检查的工作到检查日期为止尚余的总时差。

（4）填表分析工作实际进度与计划进度的偏差。可能有以下几种情况：

①若工作尚有总时差与原有总时差相等，说明该工作的实际进度与计划进度一致。②若工作尚有总时差小于原有总时差，但仍为正值，则说明该工作的实际进度比计划进度拖后，产生的偏差值为两者之差，但不影响总工期。③若尚有总时差为负值，则说明该工作的实际进度比计划进度拖后，产生的偏差值为两者之差，且对总工期有影响，应当调整。

三、施工进度计划的调整

施工进度计划的调整依据是进度计划检查结果。在工程项目实施过程中，当通过实际进度与计划进度的比较发现有进度偏差时，应根据偏差对后续工作及总工期的影响，采取相应的调整方法措施对原进度计划进行调整，以确保工期目标的顺利实现。

（一）调整的内容

调整的内容包括施工内容、工程量、起止时间、持续时间、工作关系、资源供应等。调整施工进度计划采用的原理、方法与施工进度计划的优化相同。

（二）调整施工进度计划的步骤

调整施工进度计划的基本步骤为：①分析进度计划检查结果；②分析进度偏差的影响并确定调整的对象和目标；③选择适当的调整方法；④编制调整方案；⑤对调整方案进行评价和决策；⑥调整；⑦确定调整后付诸实施的新施工进度计划。

（三）分析进度偏差对后续工作及总工期的影响

进度偏差的大小及其所处的位置不同，对后续工作和总工期的影响程度是不同的，分析时需要利用网络计划中工作总时差和自由时差的概念进行判断。其分析步骤如下：

（1）分析出现进度偏差的是否为关键工作。如果出现进度偏差的工作位于关键线路上，即该工作为关键工作，则无论其偏差有多大，都将对后续工作和总工期产生影响，必须采取相应的调整措施；如果出现偏差的工作是非关键工作，则需要根据进度偏差值与总时差和自由时差的关系做进一步分析。

（2）分析进度偏差是否超过总时差。如果工作的进度偏差大于该工作的总时差，则此进度偏差必将影响其后续工作和总工期，因此必须采取相应的调整措施；如果工作的进度偏差未超过该工作的总时差，则此进度偏差不影响总工期。至于对后续工作的影响程度，还需要根据偏差值与其自由时差的关系做进一步分析。

（3）分析进度偏差是否超过自由时差。如果工作的进度偏差大于该工作的自由时差，则此进度偏差将对其后续工作的最早开始时间产生影响，此时应根据后续工作的限制条件确定调整方法；如果工作的进度偏差未超过该工作的自由时差，则此进度偏差不影响后续工作，因此原进度计划可以不做调整。

（四）施工进度计划的调整方法

1.缩短某些工作的持续时间

通过检查分析，如果发现原有进度计划已不能适应实际情况，为了确保进度控制目标的实现或需要确定新的计划目标，就必须对原进度计划进行调整，以形成新的进度计划，作为进度控制的新依据。

这种方法的特点是不改变工作之间的先后顺序，而通过缩短网络计划中关键线路上工作的持续时间来缩短工期，并考虑经济影响，实质上是一种工期费用优化。通常优化过程需要采取一定的措施来达到目的，具体措施包括以下几方面：

（1）组织措施。如增加工作面，组织更多的施工队伍；增加每天的施工时间（如采用三班制等）；增加劳动力和施工机械的数量等。

（2）技术措施。如改进施工工艺和施工技术，缩短工艺技术间歇时间；采用更先进的施工方法，以减少施工过程的数量（如将现浇框架方案改为预制装配方案）；采用更先进的施工机械，加快作业速度等。

（3）经济措施。如实行包干奖励，提高奖金数额，对所采取的技术措施给予相应的经济补偿等。

（4）其他配套措施。如改善外部配合条件，改善劳动条件，实施强有力的调度等。一般来说，不管采取哪种措施，都会增加费用。因此在调整施工进度计划时，应利用费用优化的原理选择费用增加量最小的关键工作作为压缩对象。

2. 改变某些工作间的逻辑关系

当工程项目实施中产生的进度偏差影响到总工期，且有关工作的逻辑关系允许改变时，可以不改变工作的持续时间，而通过改变关键线路和超过计划工期的非关键线路上的有关工作之间的逻辑关系，达到缩短工期的目的。例如将按顺序进行的工作改为平行作业，对于大型建设工程，由于其单位工程较多且相互间的制约较小，可调整的幅度比较大，所以容易采用平行作业的方法调整施工进度计划；而对于单位工程项目，由于受工作之间工艺关系的限制，可调整的幅度比较小，所以通常采用搭接作业及分段组织流水作业等方法来调整施工进度计划，以有效地缩短工期。但不管是平行作业还是搭接作业，建设工程单位时间内的资源需求量都将会增加。

3. 其他方法

除了分别采用上述两种方法来缩短工期外，有时由于工期拖延得太多，当采用某种方法进行调整而其可调整幅度又受到限制时，也可以同时利用缩短工作持续时间和改变工作之间的逻辑关系这两种方法对同一施工进度计划进行调整，以满足工期目标的要求。

第四节 施工进度计划的优化与管理

优化是在既定的约束条件下按选定的目标，通过不断改进进度计划来寻求满意方案。施工进度计划的优化目标，应按计划任务的需要和条件选定，包括工期目标、费用目标、资源目标。施工进度计划优化的内容相应包括工期优化、费用优化和资源优化。

一、工期优化

工期优化也称时间优化，就是通过压缩计算工期来达到既定的工期目标，或在一定约束条件下使工期最短的过程。工期优化一般是通过压缩关键工作的持续时间来实现的，但在优化过程中不能将关键工作压缩成非关键工作。当出现多条关键线路时，必须将各条关键线路的持续时间压缩相同数值。

网络计划的工期优化可按下列步骤进行：

（1）计算初始网络计划的计算工期，并找出关键线路。

（2）按要求工期计算应缩短的时间。

（3）选择应缩短持续时间的关键工作。选择压缩对象时须考虑下列对象：①缩短持续时间对质量和安全影响不大的工作；②有充足备用资源的工作；③缩短持续时间所需增加费用最少的工作。

（4）将所选定的关键工作的持续时间压缩至某适当值，并重新确定计算工期和关键线路。

（5）若计算工期仍超过要求工期，则重复以上步骤，直到满足工期要求或工期已不能再缩短为止。

（6）当所有关键工作的持续时间都已达到其能缩短的极限而工期仍不能满足要求时，则应对计划的原技术方案、组织方案进行调整，或对要求工期重新审定。

二、费用优化

费用优化又称工期成本优化，是指在一定的限定条件下，寻求工程总成本最低时的工期安排，或按要求工期寻求最低成本的计划安排的过程。

费用优化的目的是使项目的总费用最低，优化应从以下方面进行考虑：

（1）在既定工期的前提下，确定项目的最低费用。

（2）在既定的最低费用限额下完成项目计划，确定最佳工期。

（3）若需要缩短工期，则考虑如何使增加的费用最小。

（4）若新增一定数量的费用，则可计算工期能缩短到多少。

进度计划的总费用由直接费和间接费组成。在一定范围内，直接费随工期的延长而减少，而间接费则随工期的延长而增加，总费用最低点所对应的工期即为最优工期。

费用优化可按下述步骤进行：

（1）按工作的正常持续时间确定网络计划的工期、关键线路，以及总直接费、总间接费及总费用。

（2）计算各项工作的直接费率，计算公式为

$$\Delta D_{i-j} = \frac{CC_{i-j} - CN_{i-j}}{DN_{i-j} - DC_{i-j}}$$

式中：ΔD_{i-j}——工作 $_{i-j}$ 的直接费率；

CC_{i-j}、CN_{i-j}——分别为工作 $_{i-j}$ 按最短持续时间和正常持续时间完成工作所需的直接费；

DC_{i-j}、DN_{i-j}——分别为工作 $_{i-j}$ 的最短持续时间和正常持续时间。

（3）选择直接费率（组合直接费率）最小且不超过工程间接费率的工作，作为被压缩对象。

（4）缩短被压缩对象的持续时间，其缩短值必须符合所在关键线路不能变成非关键线路，且缩短后的持续时间不小于最短持续时间的原则。

（5）计算关键工作持续时间缩短后相应增加的总费用。

（6）重复上述步骤（3）～（5），直至计算工期满足要求，或被压缩对象的直接费率或组合直接费率大于工程间接费率为止。

三、资源优化

资源是对为完成任务所需的人力、材料、机械设备和资金的统称。资源优化的目标是通过调整计划中某些工作的开始时间，使资源分布满足某种要求。

资源优化的前提条件如下：

（1）在优化过程中，不改变工作之间的逻辑关系。

（2）在优化过程中，不改变工作的持续时间。

（3）在优化过程中，不改变工作的资源强度（一项工作在单位时间内所需的某种资源的数量）。

（4）除规定可中断的工作外，一般不允许中断工作，应保持其连续性。

资源优化主要有资源有限工期最短和工期固定资源均衡两种情况。

资源有限工期最短的优化是通过调整计划安排，在满足资源限制条件下，使工期延长最少；工期固定资源均衡的优化是在工期保持不变的条件下，通过调整计划安排，使资源需用量尽可能均衡，即整个工程每个单位时间的资源需用量不出现过大的高峰和低谷。

第五节　工期索赔

在建设工程施工过程中，施工进度计划主要用来控制施工进度，同时也常用于施工索赔。

一、索赔的概念

索赔是在经济活动中，合同当事人一方因对方违约，或其他过错或无法防止的外因而受到损失时，要求对方给予赔偿或补偿的活动。

建设工程索赔通常是指在工程合同履行过程中，合同当事人一方因对方不履行或未能正确履行合同或者由于其他非自身因素而受到经济损失或权利损害，通过合同规定的程序向对方提出经济或时间补偿要求的行为。

施工索赔包括索赔和反索赔，按照通常的合同管理习惯，一般是将承包方向发包方提出的补偿要求称为索赔，而将发包方向承包方进行的索赔称为反索赔。索赔和反索赔都是建筑工程施工合同履行过程中正常的工程管理行为。

大多数情况下的施工索赔是指承包商由于非自身原因，发生合同规定之外的额外工作或损失时，向业主提出费用或时间补偿要求的活动。

按照索赔的目的，施工索赔可分为工期索赔和费用索赔。这里主要介绍工期索赔。在建设工程施工过程中，工期的延长分为工程延误和工程延期两种。虽然它们都是使工程拖期，但由于性质不同，因而业主与承包单位所承担的责任也就不同。如果工期的延长是由于承包单位的原因或其承担责任的拖延，则属于工程延误，由此造成的一切损失应由承包单位承担，承包单位需承担赶工的全部额外费用，同时业主还有权对承包单位施行误期违约罚款；如果工期的延长是非承包单位应承担的责任，则属于工程延期，这样承包单位不仅有权要求延长工期，而且可能还有权向业主提出赔偿费用的要求，以弥补由此造成的额外损失。因此，监理工程师是否将施工过程中工期的延长批准为工程延期，是否给予工期索赔或工期与费用同时索赔，对业主和承包单位都十分重要。

二、构成工程延期索赔条件的事件

（1）不可抗力：指合同当事人不能预见、不能避免且不能克服的客观情况，如异常恶劣的气候、地震、洪水、爆炸、空中飞行物坠落等。

（2）因工程变更指令（含设计变更、发包人提出的工程变更、监理工程师提出的工程变更及承包人提出并经监理工程师批准的变更）导致工程量增加。

（3）业主的要求、业主应承担的工作如场地、资料等提供延期，以及业主提供的材料、设备等有问题。

（4）不利的自然条件如地质条件的变化。

（5）发现文物及地下障碍物。

（6）合同所涉及的任何可能造成工程延期的原因，如延期交图、设计变更、工程暂停、对合格工程的破坏检查等。

三、工程延期索赔成立的条件

（1）合同条件。工程延期成立必须符合合同条件，导致工程拖延的原因应确实属于非承包商责任，否则不能认为是工程延期，这是工程延期成立的一条根本原则。

（2）影响工期。发生工程延期的事件，还要考虑是否造成实际损失，是否影响工期。当这些工程延期事件处在施工进度计划的关键线路上时，必将影响工期。当这些工程延期事件发生在非关键线路上，且延长的时间并未超过其总时长时，即使符合合同条件，也不能批准工程延期成立；若延长的时间超过总时长，则必将影响工期，应批准工程延期成立，工程延期的时间根据某项拖延时间与其总时长的差值考虑。

（3）及时性原则。承包人按合同规定的程序和时间，提交索赔意向通知和索赔报告。以上三个条件必须同时具备，缺一不可。

四、工期索赔的计算

在工期索赔中，首先要确定索赔事件发生对施工活动的影响及引起的变化，然后再分析施工活动变化对总工期的影响。

常用的计算索赔工期的方法有网络计划分析法、对比分析法、劳动生产率降低计算法、简单加总法等。

网络计划分析法是通过分析索赔事件发生前后网络计划工期的差异计算索赔工期的，是一种科学合理的计算方法，适用于各类工期索赔；对比分析法比较简单，适用于索赔事件仅影响单位工程或分部分项工程的工期，需由此而计算对总工期的影响；在索赔事件干扰正常施工，导致劳动生产率降低而使工期拖延时，可使用劳动生产率降低计算法计算索赔工期；简单加总法是指在施工过程中，由于恶劣气候、停电、停水及意外风险造成全面停工而导致工期拖延时，可以一一列举各种原因引起的停工天数，累加结果即可作为索赔天数。但应用简单加总法时应注意：由多项索赔事件引起的总工期索赔，不可以用各单项工期索赔天数简单相加的办法，最好用网络分析法计算索赔工期。

第七章　建设工程安全生产管理

第一节　建设工程安全生产法律体系

根据我国立法体系的特点，安全生产法律法规体系分成几个层次。第一是宪法，在宪法下由全国人民代表大会通过的主法，再下层是主法下边的子法，如劳动法、安全生产法、矿山安全法、环境保护法、刑法等；法律下面是国务院颁布的行政法规、部门规章和地方法规规章。

一、安全生产法律法规及标准基础

根据我国立法体系的特点，以及安全生产法规调整的范围不同，安全生产法律法规体系按法律地位及效力等同原则，可以分为以下六个门类。

（一）国家根本法

我们国家的根本法主要指宪法。《宪法》是我国安全生产法律体系框架的最高层级，是普通法的立法基础和依据，也是安全法规的立法基础和依据。

（二）安全生产方面的法律

（1）基础法。我国有关安全生产的法律主要包括《安全生产法》和与它平行的专门安全生产法律和与安全生产有关的法律。

（2）专门法律。专门安全生产法律是规范某一专业领域安全生产法律制度的法律。我国在专业领域的法律主要有《中华人民共和国消防法》和《中华人民共和国道路交通安全法》等。

（3）相关法律。与安全相关的法律是指安全生产专门法律以外的，涵盖有安全生产内容的法律，如《中华人民共和国劳动法》《中华人民共和国建筑法》《中华人民共和国工会法》《中华人民共和国全民所有制工业企业法》等。还有一些与安全生产监督执法工作有关的法律，如《中华人民共和国刑法》《中华人民共和国刑事诉讼法》《中华人民共和国行政处罚法》《中华人民共和国行政复议法》《中华人民共和国标准化法》等。

（三）安全生产行政法规

由国务院组织规定并批准公布，为实施安全生产法律或规范安全生产监督管理而制定并颁布的一系列具体规定，是实施安全生产监督管理和监察工作的重要依据。我国已颁布了多部安全生产行政法规，如《工厂安全卫生规程》《建筑安装工程安全技术规程》《关于加强企业生产中安全工作的几项规定》《特别重大事故调查程序暂行规定》《企业职工伤亡事故报告和处理规定》《中华人民共和国尘肺病防治条例》《矿山安全法实施条例》《女职工劳动保护工作规定》《禁止使用童工的规定》和《国务院关于特大安全事故行政责任追究的规定》等。

（四）部门安全生产规章、地方政府安全生产规章

部门规章之间、部门规章与地方政府规章具有同等效力，

在各自的权限范围内施行。国务院部门安全生产规章是由有关部门为加强安全生产工作而颁布的安全生产规范性文件组成，部门安全生产规章作为安全生产法律法规的重要补充，在我国安全生产监督管理工作中起着十分重要的作用。

(五) 地方性安全生产法规

是指具有立法权的地方权力机关——人民代表大会及其常务委员会和地方政府制定的安全生产规范性文件。是由法律授权制定的，是对国家安全生产法律、法规的补充和完善，它以解决本地区某一特定的安全生产问题为目标，具有较强的针对性和可操作性。

(六) 安全生产标准

是我国安全生产法规体系中的重要组成部分，也是安全生产管理的基础和监督执法工作的重要技术依据。我国安全生产标准属于强制性标准，是安全生产法规的延伸与具体化，其体系由基础标准、管理标准、安全生产技术标准、其他综合类标准组成。

二、建设工程安全生产相关法律

(一)《中华人民共和国安全生产法》

确立了通过加强安全生产监督管理，防止和减少生产安全事故，实现保障人民生命安全、保护国家财产安全、促进社会经济发展三大目的。第三条明确了安全生产管理的方针是：安全第一，预防为主。

(二)《中华人民共和国建筑法》

《建筑法》规定了建设单位、设计单位、施工企业应落实安全生产责任制，加强建筑施工安全管理，建立健全安全生产基本制度等。

(三)《中华人民共和国刑法》

刑事责任是对犯罪行为人的严厉惩罚，安全事故的责任人或责任单位构成犯罪的将被按刑法所规定的罪名追究刑事责任。

刑法对安全生产方面构成犯罪的违法行为的惩罚做了规定。

(四)《中华人民共和国劳动法》

保护劳动者的安全与健康是《劳动法》的一个重要组成部分。该法规定了工作时间和休息休假，对劳动安全卫生和女职工和未成年工的特殊保护等方面做了要求。

(五)《中华人民共和国职业病防治法》

《职业病防治法》这是我国颁布的第一部为预防控制和消除职业病危害、防治职业病、保护劳动者健康及相关权益而制定的法律。

它是做好职业病防治工作的法律保障，适用于我国领域内的职业病（即企业、事业单位和个体经济等用人单位组织的劳动者在职业活动中，因接触粉尘、放射性物质和其他有毒、有害物质等因素所引起的疾病）防治活动。

三、建设工程安全生产标准的体系

(一)基础标准

基础类标准主要指在安全生产领域的不同范围内，对普遍的、广泛通用的共性认识所做的统一规定，是在一定范围内作为制定其他安全标准的依据和共同遵守的准则。如《安全色》

（GB 2893）和《安全标志及其使用导则》（GB 2894—2008）等。

（二）安全生产管理标准

管理类标准是指通过计划、组织、控制、监督、检查、评价与考核等管理活动的内容、程序、方式，使生产过程中人、物、环境等各个因素处于安全受控状态，直接服务于生产经营科学管理的准则和规定。

建筑安全生产管理标准，包括《起重机械安全规程》（GB 6067—2010）、《职业健康安全管理体系规范》（GB/T28001—2011）、《体力劳动强度分级标准》（GB 3869—1997）等。

除此之外，还有重大事故隐患评价方法及分析标准、事故统计分析标准、职业病统计分析标准、安全系统工程标准、人机工程标准等。

（三）安全生产技术标准

技术类标准是指对于生产过程中的设计、施工、操作、安装等具体技术要求及实施程序中设立的，必须符合一定安全要求以及能达到此要求的实施技术和规范的总称。安全生产技术标准包括：安全技术及工程标准、机械安全标准、电气安全标准、防爆安全标准、储运安全标准、爆破安全标准、燃气安全标准、建筑安全标准、焊接与切割安全标准、涂装作业安全标准、个人防护用品安全标准、压力容器与管理安全标准、职业卫生标准、作业场所有害因素分类分级标准、作业环境评价及分类标准、防尘标准、防毒标准、噪声与振动控制标准、电磁辐射防护标准、其他物理因素分级及控制标准。

（四）方法标准

方法类标准是对各项生产过程中技术活动的方法所做出的规定。安全生产方面的方法标准主要包括两类，一类是以试验、检查、分析、抽样、统计、计算、测定、作业等方法为对象制定的标准，例如：试验方法、检查方法、分析计法、测定方法、抽样方法、设计规范、计算方法、工艺规程、作业指导书、生产方法、操作方法等；另一类是为合理生产优质产品，并在生产、作业、试验、业务处理等方面为提高效率而制定的标准。

这类标准有安全帽测试方法、防护服装机械性能材料抗刺穿性及动态撕裂性的试验方法、《安全评价通则》（AQ8001—2007）、《安全预评价导则》（2007.4.1发布）、《安全验收评价导则》（安监管技装字〔2003〕79号）。

第二节　建设工程安全生产管理体系

一、建设工程安全生产管理的原则、目标

安全生产管理，是指针对人们生产过程中的安全问题，运用人力、物力和财力等各种有效的资源，进行有关决策、计划、组织和控制等活动，实现生产过程中人与机器设备、物料、环境的和谐，避免发生伤亡事故，保证职工的生命安全和健康，达到安全生产的目标。

安全生产管理内容，包括对人的安全管理与对物的安全管理及环境因素的安全管理三个主要方面，还包括安全生产的方针、政策、法规、制度等。

安全生产管理的基本对象是企业员工，涉及企业中的所

有员工、设备设施、物料、环境、财务、信息等各方面。

建设工程施工安全管理，指确定建设工程安全生产方针及实施安全生产方针的全部职能及工作内容，并对其工作效果进行评价和改进的一系列工作。它包含了建设工程在施工过程中组织安全生产的全部管理活动，即通过对生产要素过程控制，使生产要素的不安全行为和不安全状态得以减少或控制，达到消除和控制事故、实现安全管理的目标。

(一) 安全生产管理的目标与方针

（1）目标。安全生产管理的目标就是要减少和控制危害及事故，尽量避免生产过程中由于事故所造成的人身伤害、财产损失、环境污染以及其他损失。

建筑安全管理的目标，是保护劳动者的安全与健康不因工作而受到损害，同时减少因建筑安全事故导致的全社会（包括个人家庭、企业行业和社会）的损失。它充分体现了以人为本的原则，保护他人就是保护自己，就是保护企业，就是保护整个国家的利益。

（2）方针。建筑安全管理的方针是安全第一，预防为主。当安全与工期、安全与费用产生矛盾时，应确保安全；绝大部分的安全管理和措施都是为了预防事故的发生。安全第一是原则和目标，从保护和发展生产力的角度，确立了生产与安全的关系，就是要求所有参与工程建设的人员都必须树立安全的观念，不能为了经济的发展而牺牲安全。当安全与生产发生矛盾时，必须先解决安全问题，在保证安全的前提下从事生产活动。

预防为主是手段和途径，根据工程建设的特点，对不同的生产要素采取相应的管理措施，有效地控制不安全因素的发展和扩大，把可能发生的事故消灭在萌芽状态。杜邦公司在海因里希（Heinrich）的安全金字塔法则的基础上，进一步提出了事故金字塔理论，揭示了一个十分重要的事故预防原理：要预防死亡重伤害事故，必须预防轻伤害事故，必须预防无伤害事故，必须消除日常不安全行为和不安全状态；而能否消除日常不安全行为和不安全状态，则取决于日常管理是否到位，也就是我们常说的细节管理，这是作为预防死亡重伤害事故的最重要的基础工作。

事故就像浮在海面上的冰山一样能够引起重视，不安全行为及状态就像隐藏在海面以下的冰山部分一样，通常不被我们注意。有人虽察觉到了，但总存有侥幸心理，日积月累就酿成了事故。

（二）安全生产管理的原则

安全管理在形成和发展中，经历了不断改进和完善的多个阶段。可以看出安全生产管理要搞好，必须坚持管理与自律并重、强制与引导并重、治标与治本并重、现场管理与文件管理并重。

1. 一般管理原则

①管生产必须管安全原则。生产和安全是一个有机整体，应将安全寓于生产中。工程项目各级领导和全体员工在生产中必须坚持在抓好生产的同时抓好安全工作。②目标管理原则。安全管理是对生产的人、物、环境因素状态的管理，有效控制人的不安全行为和物的不安全状态，消除或避免事故，达到保护劳动者安全和健康的目的。没有目标的安全管理，只能劳民伤财，危险因素得不到消除。③预防为主的原则。安全管理中在安排与布置工程施工生产内容时，针对施

工生产中可能出现的危险因素采取措施予以消除；在生产活动中，经常检查、及时发现不安全因素，明确责任、采取措施，尽快坚决地予以消除。④全面动态管理原则。坚持全员（一切与生产有关的人）、全过程（从开工到竣工交付的全部生产过程）、全方位、全天候的全面动态管理。也要发挥安全管理第一责任人和安全机构的作用。⑤持续改进原则。生产活动不断变化，产生新的危险因素，安全管理也要不断适应这些变化，并摸索新规律、总结经验、持续改进，不断提高建设工程施工安全管理水平。⑥安全具有否决权。在对工程项目各项指标考核、评优创先时，必须首先考虑安全指标的完成情况。安全具有一票否决的作用。⑦职业安全卫生三同时原则。职业安全卫生技术措施及设施，应与主体工程同时设计、同时施工、同时投产使用，以确保工程项目投产后符合职业安全卫生要求。⑧安全生产的五同时原则。企业的生产组织及领导者在计划、布置、检查、总结、评比生产工作时，同时计划、布置、检查、总结、评比安全工作。⑨项目建设三同步原则。企业在考虑自身的经济发展，进行机构改革，进行技术改造时，安全生产方面要相应地与之同步规划、同步组织实施、同步运作投产。⑩事故处理四不放过原则。依据《国务院关于特大安全事故行政责任追究的规定》（国务院令第302号）的要求，事故原因未查清不放过、事故责任者和职工群众没受到教育不放过、安全隐患没有整改和预防措施不放过、事故责任者不处理不放过。

2. 组织原则

①计划性原则。在一定时期内确定安全活动的方向和数值指标；在检测数据的基础上，对不同等级水平应制订具体

数值来表示要完成的任务。安全计划的目的应指出最终结果的成效，不仅表现在物质费用上，而且直接表现在表示改善劳动条件的一些指标中。劳动安全的管理就是要知晓今后一个时期能够达到什么样的指标以及为此还需要做的工作。②效果原则。实际结果与计划指标相符合，也是对已取得成果的评价。它分为工程技术效果、社会效果和经济效果。它主要是看组织管理的效应，方案比较的可能性和对责任者活动的评价。③反馈原则。反馈就是取得管理系统所用结果的情报，是从实际情况与计划相互比较而求得的。④阶梯原则。它表示一个复杂而又系统的事件，按其特性可看作多个阶梯等级，并意味着从低水平向高水平发展。⑤系统性原则。把事故现象和安全工作看成一个相互关联的综合整体，方法论的实施就是建立在系统分析的基础上。⑥不得混放并存原则。实质是加强物质流的管理，即将物质、材料、设备、人员及其他客体在时间和空间上分开，以免其相互作用，产生危害。⑦单项解决原则。在制订预防措施时，对一定的条件尽可能采用一定的具体措施。⑧同等原则。为了有效地控制，控制系统的复杂性不应低于被控制系统。⑨责任制原则。⑩精神鼓励和物质鼓励相结合的原则。

二、管理体制与管理制度

（一）建设工程安全生产管理体制

国务院颁发的《国务院关于进一步加强安全生产工作的决定》（国发〔2004〕2号）中指出要努力构建政府统一领导、部门依法监管、企业全面负责、群众参与监督、全社会广泛支持的安全生产工作格局，明确了现行的安全管理体制。

（1）国家监察即国家劳动安全监察，它是由国家授权某政府部门以国家的名义，运用国家赋予的权力，对各类具有独立法人资格的企事业单位，执行安全法规的情况进行监督和检查，用法律的强制力量推动安全生产方针、政策的正确实施，也称为国家监督。

（2）行业管理就是由行业主管部门，根据国家的安全生产方针、政策、法规，在实施本行业宏观管理中，帮助、指导和监督本行业企业的安全生产工作。

行业安全管理也存在于与国家监察在形式上类似的监督活动。但这种监督活动仅限于行业内部，而且是一种自上而下的行业内部的自我控制活动，一旦需要超越行业自身利益来处理问题时，它就不能发挥作用了。因此，行业安全管理与国家监察的性质不同，它不被授予代表政府处理违法行为的权力，行业主管部门也不设立具有政府监督性质的监察机构。

（3）企业负责是指企业在生产经营过程中，承担着严格执行国家安全生产的法律、法规和标准，建立健全安全生产规章制度，落实安全技术措施，开展安全教育和培训，确保安全生产的责任和义务。企业法人代表或最高管理者是企业安全生产的第一责任人，企业必须层层落实安全生产责任制，建立内部安全调控与监督检查的机制。企业要接受国家安全监察机构的监督检查和行业主管部门的管理。

（4）群众监督就是广大职工群众通过工会或职工代表大会等自己的组织，监督和协助企业各级领导贯彻执行安全生产方针、政策和法规，不断改善劳动条件和环境，切实保障职工享有生命与健康的合法权益。群众监督属于社会监督，不具有法律的权威性。一般通过建议、揭发、控告或协商等方式解决问题，而不可能采取以国家强制力来保证的手段。

（二）建设工程安全管理监管主体

监管主体按实施主体不同，可分为内部监管主体和外部监管主体。内部监管主体是指直接从事建设工程施工安全生产职能的活动者，外部监管主体指对他人施工安全生产能力和效果的监管者。

三、职业健康安全管理体系

（一）体系概况

职业健康安全（Occupational Health and Safety，OHS）：影响工作场所内员工、临时工作人员、合同方人员、访问者和其他人员健康安全的条件和因素。《职业健康安全管理体系要求》（GB/T 28001—2011）指出，职业健康安全管理体系是总的管理体系的一个部分，便于组织对与其业务相关的职业健康安全风险的管理。

（1）体系要素体系的基本内容由5个一级要素和18个二级要素构成。

（2）该体系遵循PDCA管理模式：策划（PLAN）→实施（DO）→检查（CHECK）→改进（ACTION），PDCA循环是螺旋式上升和发展的。

（3）体系主要文件组成

①职业健康安全管理手册；

②职业健康安全管理体系程序文件；

③职业健康安全管理体系作业指导文件；

④职业健康安全管理记录及其他相关文件。

文件可采用书面形式、电子形式，建立文件管理计算机信息手统，更能体现出管理的先进性和高效性。

（4）体系运行

运行内容包括：制定职业健康安全方针；安排组织机构，明确职责；制定职业健康安全目标；制定职业健康安全管理方案；按标准要求确定相关程序文件。

为保证职业健康安全管理体系的有效运行，要做到两个到位：一是认识到位，体系认证不是形式主义，要达成共识；二是管理考核要到位，要求根据职责和管理内容不折不扣的按管理体系运作，并实施监督和考核。

（5）体系认证

采用第三方依据认证审核准则，按规定的程序和方法对受审核方的职业健康安全管理体系是否符合规定的要求给予书面保证。认证的程序为：提出申请、认证机构进行两阶段审核、提出审核报告、审批与注册发证、获证后的监督管理等五个环节。

（二）建设工程职业健康安全管理

建设工程职业健康安全管理的目的，是通过管理和控制影响施工现场工作员工、临时工作人员、合同方人员、访问者和其他人员健康和安全的条件和因素，保护施工现场工作员工和其他可能受工程项目影响的人的健康与安全。

建设工程职业健康安全管理的任务，是建筑施工企业为达到建设工程职业健康安全管理的目的而进行计划、组织、指挥、协调和控制本企业的活动，包括制定、实施、实现、评审和保持职业健康安全方针所需的组织机构、计划活动、职责、惯例、程序、过程和资源。

建筑业存在职业危害及相关工种，劳动者在工作前，要熟知自己从事岗位的职业危害，拒绝违章指挥和强令进行没有职业病防护措施的作业。用人单位强行与劳动者签订的生死合同无效。上岗时，应当要求用人单位提供有效的个人职业病防护用品，正确使用、维护职业病防护设备和个人使用的职业病防护用品，发现职业病危害事故隐患及时报告。

劳动者要增强自我保护意识，注意留取证据，平时注意搜集岗位工作照片、工资发放证明、工作证等证明从事工作的材料，为日后维权提供方便。在发现自己的职业卫生健康权益受到侵犯而得不到有效解决时，应及时向当地安全监管部门咨询和投诉。

第三节　建筑安全管理原理和方法

一、建设工程施工安全生产管理的原理

(一) 系统原理

(1) 系统原理是指运用系统观点、理论和方法，对管理活动进行充分的系统分析，来认识和处理管理中出现的问题，以达到管理的优化目标。

(2) 运用系统原理的原则。

①动态相关性原则。构成管理系统的各要素是运动和发

展的，它们相互联系又相互制约，如果各要素都处于静止状态，就不会发生事故。安全管理系统不仅要受到系统自身条件和因素的制约，而且受到其他有关系统的影响，并随着时间、地点以及人们的不同努力程度而发生变化。

②整分合原则。在整体规划下明确分工，在分工基础上有效整合，以实现高效的管理。

③弹性原则。在制定目标、计划、策略等方面，相适应地留有余地，有所准备，以增强组织系统的可靠性和对未来态势的应变能力。

④反馈原则。是指由控制系统把信息输送出去，又把其作用结果返送回来，并对信息的再输出发生影响，起到控制的作用，并达到预定的目的。成功高效的管理离不开灵活、准确、快速的反馈。

⑤封闭原则。在任何一个管理系统内部，管理手段、管理过程等必须构成一个连续封闭的回路，才能形成有效的管理活动。

(3) 建设工程施工安全系统原理运用。

①要协调好安全管理与投资管理、进度管理和质量管理的关系。在整个建设工程目标系统所实施的管理活动中，安全管理是其中最重要的组成部分，但四方面的管理是同时进行的，要做好四大目标管理的有机配合和相互平衡，不能片面强调施工安全管理。

②保证基本安全目标的实现。这个目标关系到人民生命财产的安全，关系到社会稳定问题，工程付出多么重大的代价，都必须保证建设工程施工安全基本目标的实现。

③尽可能发挥施工安全管理对投资、进度、质量等目标

的积极作用。

④确保安全目标合理并能实现。在确定目标时，应充分考虑来自内部、外部的最可能影响到安全目标的信息、资料。

（二）人本原理

（1）人本原理指在管理中管理者要达到组织目标，必须把人的因素放在首位，体现以人为本的指导思想，以人的积极性、主动性、创造性的发挥为核心和动力来进行。

人不是单纯的经济人，而是具有多种需要的复杂的社会人。一切安全管理活动都是以人为本展开的，人既是管理的主体，又是管理的客体；在安全管理活动中，作为管理对象的要素和管理系统各环节，都是需要人掌管、运作、推动和实施。

（2）运用人本原理的原则。

①动力原则。推动管理活动的基本力量是人，管理必须有能够激发人工作能力的动力，才能使管理运动持续而有效地进行下去。

②能级原则。在管理系统中，建立一套合理能级，根据单位和个人能量的大小安排其工作，才能发挥不同能级的能量，保证结构的稳定性和管理的有效性。

③激励原则。人的工作动力来源于内在动力、外部压力和工作吸引力。以科学的手段激发人的内在潜力，使其充分发挥积极性、主动性和创造性。

（三）预防原理

（1）预防原理安全生产管理应以预防为主，通过有效的管理和技术手段，减少和防止人的不安全行为和物的不安全状态，从而使事故发生的概率降到最低。这也是我国安全管理方针的要求。事故具有因果性、偶然性、必然性和再现性的特点。意外事故是一种随机现象，对于个别案例的考察具有不确定性，但对于大多数事故则表现出一定的规律，可以预测预防。

事故预防的模式可以分为事后型模式和预防型模式两种。事后型模式是指在事故或者灾害发生以后进行整改，以避免同类事故再发生的一种对策；预防型模式则是一种主动的、积极的预防事故或灾难发生的对策。

（2）运用预防原理的原则。

①本质安全化原则是指从一开始和从本质上实现安全化，从根本上消除事故发生的可能性，从而达到预防事故发生的目的。本质安全化原则不仅可以应用于设备、设施，还可以应用于建设项目。

②可能预防的原则。人灾的特点和天灾不同，要想防止发生人灾，应立足于防患于未然。安全工程学的重点应放在事故发生前的对策上。原则上讲人灾都是能够预防的，但实际上要预防全部人灾是困难的。为此，不仅必须对物的方面的原因，而且还必须对人的方面的原因进行探讨。

③偶然损失的原则。灾害包含着意外事故及由此而产生的损失这两层意思。事故就是在正常流程图上所没有记载的事件，事故的结果将造成损失。事故后果以及后果的严重程度都是随机的，一个事故的后果产生的损失大小或损失种类由偶然性决定。反复发生的同种事故常常并不一定产生相同的损失。

④继发原因的原则。事故的发生与其原因有着必然的因果关系。事故的发生是许多因素互为因果连续发生的最终结

果，只要事故的因素存在，发生事故是必然的，只是时间或迟或早而已。如果去掉其中任何一个原因，就切断了这个连锁，就能够防止事故的发生，这就叫作实施防止对策。

⑤选择对策的原则技术的原因、教育的原因以及管理的原因，是构成事故最重要的原因。与这些原因相应的防止对策为技术对策、教育对策以及法制对策。通常把技术（Engineering）、教育（Education）和法制（Enforcement）对策称为三E安全对策，其被认为是防止事故的三根支柱。如果片面强调其中任何一根支柱是不能得到满意的效果的，而且改进的顺序应该是技术、教育、法制。技术充实之后，才能提高教育效果；而技术和教育充实之后，才能实行合理的法制。

⑥危险因素防护原则包括消除潜在危险、降低潜在危险因素数值、距离防护、时间防护、屏蔽、坚固、薄弱环节、不予接近、闭锁、取代操作人员、警告和禁止信息等原则。

（四）强制原理

（1）强制原理指采取强制管理的手段控制人的意愿和行为，使个人的活动、行为等受到安全生产要求的约束，从而实现有效的安全生产管理。安全管理需要强制性，是由事故损失的偶然性、人的冒险心理以及事故损失的不可挽回性所决定的。

（2）运用强制原理的原则。

①安全第一原则。在进行生产和其他活动时把安全工作放在一切工作的首要位置。当生产或其他工作与安全发生矛盾时，要服从安全第一原则。

②监督原则。为了使安全生产法律法规得到落实，设立安全生产监督管理部门。授权部门和人员行使监督、检查和

惩罚的职责，对企业生产中的守法和执法情况进行监督，追究和惩戒违章失职行为。

（五）动态控制原理

（1）动态控制建设项目实施过程中安全主客观条件的变化是绝对的，不变则是相对的。因此在建设项目实施过程中，必须随着情况的变化进行项目安全目标的动态控制。

动态控制中的三大要素是目标计划值、目标实际值和纠偏措施。目标计划值是目标控制的依据和目的，目标实际值是进行目标控制的基础，纠偏措施是实现目标的途径。目标控制过程中的关键一环是目标计划值和实际值的比较分析，这种比较是动态的、多层次的。同时，目标的计划值与实际值是相对的、可转化的。

（2）动态控制的工作程序建设项目目标动态控制遵循控制循环理论，是一个动态循环过程。

①准备工作将建设项目的安全目标进行分解，以确定用于目标控制的计划值。②对目标进行动态跟踪控制（过程控制）在建设项目实施过程中收集建设项目安全目标的实际值；定期进行计划值和实际值的比较；如有偏差，则采取纠偏措施进行纠偏。③调整如有必要（即原定的目标不合理或无法实现），进行建设项目安全目标的调整，目标调整后控制过程再回复到上述的第一步。

建设项目安全目标动态控制的纠偏措施主要如下：

①组织措施如调整安全健康体系结构、任务分工、管理职能分工、工作流程组织和班子人员等；②管理措施如调整安全管理的方法和手段，加强安全检查监督和强化安全培训等；③经济措施如落实改善安全设备设施所需的资金等；④技

术措施如调整设计、改进施工方法和增加防护设施等。

（3）项目目标控制划分包括事前控制（主动控制）、事中控制（过程控制或动态控制）、事后控制（被动控制）。事前控制体现在安全目标的计划和生产活动前的准备工作的控制，事中控制体现在对安全生产活动的行为约束和过程与结果的监控，事后控制体现在对生产活动结果的评价认定和安全偏差的纠正。

主动控制的核心工作，是事前分析可能导致项目目标偏离的各种影响因素；动态控制的核心工作，是定期进行项目目标的计划值和实际值的比较。在建设项目安全管理过程中，应根据安全管理目标的性质、特点和重要性，运用风险管理技术等进行分析评估，将主动控制和动态控制结合起来。

二、安全风险管理原理

（1）建设工程安全风险管理就是通过识别与建设工程施工现场相关的所有危险源以及环境因素，评价出重大危险源与重大环境因素，并以此为基础，制定针对性的控制措施和管理方案，明确建立危险源和环境因素识别、评价和控制活动与安全管理其他各要素之间的联系，对其实施进行管理和控制。

建设工程安全风险管理的目的，是控制和减少施工现场的施工安全风险，实现安全目标，预防事故的发生。其实质是以最经济合理的方式消除风险导致的各种灾害性后果。建设工程安全风险管理是一个随施工进度而动态循环、持续改进的过程。

（2）建设工程安全风险管理组成由危害识别、风险评价、风险控制三个要素构成。危害识别即对活动工程中存在哪些可能的危险、危险因素进行识别；风险评价即对过程中的危险、危险因素能造成多大的伤害和损失、能否接受进行评估；风险控制即对不能接受的伤害，采取安全预防措施，达到减少甚至消除危害的目的。

（3）基本原则安全风险管理必须遵循以下基本原则：

①安全风险管理的主体必须是从事活动过程的人自己；

②风险管理必须全员参与，全面、全过程实施；

③风险管理是系统管理，立足于机制的运作，是一个完整的持续改进的循环往复的过程。

第四节　施工企业安全管理

一、施工单位接受安全生产监督管理

（一）对工程项目开工前的安全生产条件审查

（1）在颁发项目施工许可证前，建设单位或建设单位委托的监理单位，应当审查施工企业和现场各项安全生产条件是否符合开工要求，并将审查结果报送工程所在地建设行政主管部门。审查的主要内容是：施工企业和工程项目安全生产责任体系、制度、机构建立情况，安全监管人员配备情况，各项安全施工措施与项目施工特点结合情况，现场文明施工、安全防护和临时设施等情况。

（2）建设行政主管部门对审查结果进行复查。必要时，到工程项目施工现场进行抽查。

（二）对工程项目开工后的安全生产监管

①工程项目各项基本建设手续办理情况，有关责任主体和人员的资质和执业资格情况；②施工、监理单位等各方主体按本导则相关内容要求履行安全生产监管职责情况；③施工现场实体防护情况，施工单位执行安全生产法律、法规和标准规范情况；④施工现场文明施工情况；⑤其他有关事项。

（三）主要方式

①查阅相关文件资料和现场防护、文明施工情况；

②询问有关人员安全生产监管职责履行情况；

③反馈检查意见，通报存在问题，对发现的事故隐患下发整改通知书，限期改正；对存在重大安全隐患的，下达停工整改通知书，责令立即停工，限期改正。对施工现场整改情况进行复查验收，逾期未整改的，依法予以行政处罚；

④监督检查后，建设行政主管部门做出书面安全监督检查记录；

⑤工程竣工后，将历次检查记录和日常监管情况纳入建筑工程安全生产责任主体和从业人员安全信用档案，并作为对安全生产许可证动态监管的重要依据；

⑥建设行政主管部门接到群众有关建筑工程安全生产的投诉或监理单位等的报告时，应到施工现场调查了解有关情况，并做出相应处理；

⑦建设行政主管部门对施工现场实施监督检查时，应当有两名以上监督执法人员参加，并出示有效的执法证件；

⑧建设行政主管部门应制定本辖区内年度安全生产监督

检查计划，在工程项目建设的各个阶段，对施工现场的安全生产情况进行监督检查，并逐步推行网格式安全巡查制度，明确每个网格区域的安全生产监管责任人。

二、施工企业安全管理

(一) 施工单位

1. 施工单位的安全责任

对于施工单位的安全责任，在《建设工程安全生产管理条例》《建筑施工企业安全生产管理机构设置及专职安全生产管理人员配备办法》(建质〔2008〕91 号)、《建设工程项目管理规范》(GB/T 50326—2001) 中有详细规定，主要如下。

(1) 从事建设工程的新建、扩建、改建和拆除等活动，应当具备国家规定的注册资本、专业技术人员、技术装备和安全生产等条件，依法取得相应等级的资质证书，并在其资质等级许可的范围内承揽工程。

(2) 主要负责人依法对本单位的安全生产工作全面负责，施工单位应当建立健全安全责任制度和安全生产教育培训制度，制定安全生产规章制度和操作规程，对所承担的建设工程进行定期和专项安全检查，并做好安全检查记录。

(3) 对列入建设工程概算的安全作业环境及安全施工措施所需费用，应当确保安全防护、文明施工措施费专款专用，用于施工安全防护用具及设施的采购和更新、安全施工措施的落实、安全生产条件的改善，不得挪作他用。在财务管理中单独列出安全防护、文明施工措施项目费用清单备查。

监理单位应当对施工单位落实安全防护、文明施工措施情况进行现场监理。对施工单位已经落实的安全防护、文明施工措施，总监理工程师或者造价工程师应当及时审查并签认所发生的费用。

（4）应当设立安全生产管理机构和配备专职安全生产管理人员，负责对建设工程安全防护、文明施工措施项目的组织实施进行现场监督检查，并有权向建设主管部门反映情况。

（5）应当在施工组织设计中编制安全技术措施和施工现场临时用电方案，对达到一定规模的危险性较大的分部分项工程（基坑支护与降水工程、土方开挖工程、模板工程、起重吊装工程、脚手架工程、拆除、爆破工程、国务院建设行政主管部门或者其他有关部门规定的其他危险性较大的工程）编制专项施工方案并附具安全验算结果，经施工单位技术负责人、总监理工程师签字后实施，由专职安全生产管理人员进行现场监督。对上述工程中涉及基坑、地下暗挖工程、高大模板工程的专项施工方案，施工单位还应当组织专家进行论证、审查。

（6）建设工程实行施工总承包的，由总承包单位对施工现场的安全生产负总责。总承包单位依法将建设工程分包给其他单位的，分包合同中应当明确各自在安全生产方面的权利、义务。总承包单位和分包单位对分包工程的安全生产承担连带责任。分包单位应当服从总承包单位的安全生产管理，分包单位不服从管理导致生产安全事故的，由分包单位承担主要责任。

2. 安全生产管理机构

《建设工程安全生产管理条例》规定，施工单位应设立各级安全生产管理机构，配备专职安全生产管理人员（指经建设主管部门或者其他有关部门安全生产考核取得安全生产考核合格证书，并在建筑施工企业及其项目从事安全生产管理工作的专职人员）；在相关部门设置兼职安全生产管理人员，在班组设兼职安全员。

（1）建筑施工企业安全生产管理机构专职安全生产管理人员配备应满足下列要求，并应根据企业经营规模、设备管理和生产需要予以增加。

①建筑施工总承包资质序列企业特级资质不少于6人；一级资质不少于4人；二级和二级以下资质企业不少于3人。

②建筑施工专业承包资质序列企业一级资质不少于3人；二级和二级以下资质企业不少于2人。

③建筑施工劳务分包资质序列企业不少于2人。

④建筑施工企业的分公司、区域公司等较大的分支机构（以下简称分支机构）应依据实际生产情况配备不少于2人的专职安全生产管理人员。

（2）总承包单位配备项目专职安全生产管理人员应当满足下列要求。

①建筑工程、装修工程按照建筑面积配备1万平方米以下的工程不少于1人；1万~5万平方米的工程不少于2人；5万平方米及以上的工程不少于3人，且按专业配备专职安全生产管理人员。

②土木工程、线路管道、设备安装工程按照工程合同价配备5000万元以下的工程不少于1人；5000万~1亿元的工程不少于2人；1亿元及以上的工程不少于3人，且按专业配备专职安全生产管理人员。

（3）分包单位配备项目专职安全生产管理人员应当满足

下列要求。

①专业承包单位应当配置至少1人，并根据所承担的分部分项工程的工程量和施工危险程度增加。

②劳务分包单位施工人员在50人以下的，应当配备1名专职安全生产管理人员；50～200人的，应当配备2名专职安全生产管理人员；200人及以上的，应当配备3名及以上专职安全生产管理人员，并根据所承担的分部分项工程施工危险实际情况增加，不得少于工程施工人员总人数的5%。

3. 各类人员的安全生产责任

（1）施工单位主要负责人：依法对本单位的安全生产工作全面负责。应当建立健全安全生产责任制度和安全生产教育培训制度，制定安全生产规章制度和操作规程，保证本单位安全生产条件所需资金的投入，对所承担的建设工程进行定期和专项安全检查，并做好安全检查记录。

（2）施工单位的项目负责人：应当由取得相应执业资格的人员担任，对建设工程项目的安全施工负责，落实安全生产责任制度、安全生产规章制度和操作规程，确保安全生产费用的有效使用，并根据工程的特点组织制定安全施工措施，消除安全事故隐患，及时、如实报告生产安全事故。

（3）建筑施工企业安全生产管理机构专职安全生产管理人员，在施工现场检查过程中具有以下职责：

①查阅在建项目安全生产有关资料、核实有关情况；

②检查危险性较大工程安全专项施工方案落实情况；

③监督项目专职安全生产管理人员履行情况；

④监督作业人员安全防护用品的配备及使用情况；

⑤对发现的安全生产违章违规行为或安全隐患，有权当

场予以纠正或做出处理决定；

⑥对不符合安全生产条件的设施、设备、器材，有权当场做出查封的处理决定；

⑦对施工现场存在的重大安全隐患有权越级报告或直接向建设主管部门报告；

⑧企业明确的其他安全生产管理职责。

（4）项目专职安全生产管理人员，具有以下主要职责：

①负责施工现场安全生产日常检查并做好检查记录；

②现场监督危险性较大的工程安全专项施工方案实施情况；

③对作业人员违规违章行为有权予以纠正或查处；

④对施工现场存在的安全隐患有权责令立即整改；

⑤对于发现的重大安全隐患，有权向企业安全生产管理机构报告；

⑥依法报告生产安全事故情况。

（5）施工作业班组可以设置兼职安全巡查员，对本班组的作业场所进行安全监督检查。

（6）特种作业人员（垂直运输机械作业人员、安装拆卸工、爆破作业人员、起重信号工、登高架设作业人员等），必须按照国家有关规定经过专门的安全作业培训，并取得特种作业操作资格证书后，方可上岗作业。

（二）分包、供应单位

建设工程施工过程中，会有分包单位、供应单位的参与。包括提供机械和配件的单位、出租机械设备和施工机具及配件的单位、大型施工起重机械的拆装单位、材料供应单位等。

（1）分包、供应单位的安全责任。《建设工程安全生产管理条例》规定了分包、供应单位的安全责任，具体包括如下内容：

①为建设工程提供机械设备和配件的单位，应当按照安全施工的要求配备齐全有效的保险、限位等安全设施和装置；

②出租机械设备和施工机具及配件的单位，应当具有生产（制造）许可证、产品合格证。出租单位应当对出租的机械设备和施工机具及配件的安全性能进行检测，在签订租赁协议时，应当出具检测合格证明。禁止出租检验不合格的机械设备和施工机具及配件；

③在施工现场安装、拆卸施工起重机械和整体提升脚手架、模板等自升式架设设施，必须由具有相应资质等级的单位承担；安装、拆卸前，拆装单位应当编制拆装方案、制定安全技术措施，并由专业技术人员现场监督；安装完毕后，安装单位应当自检，出具自检合格证明，并向施工单位进行安全使用说明，办理验收手续并签字。

（2）分包、供应单位参与安全管理。

①分包、供应单位应建立和落实施工现场安全生产管理制度，配备专（兼）职安全生产管理人员，遵守施工总承包单位的安全管理规定；

②应积极参与施工现场安全管理，通过参加现场安全委员会、安全会议、安全检查、安全培训、安全应急救援等，共同做好施工现场工程项目施工安全管理。

（三）保险

保险是指投保人根据合同约定，向保险人支付保险费，保险人对于合同约定的可能发生的事故所造成的财产损失承担赔偿保险金责任或者当被保险人死亡、伤残或达到合同约定的年龄期限时，承担给付保险责任的保险行为。

（1）建筑意外伤害保险指保险人对被保险人由意外伤害事故所致的死亡或残疾，或者支付医疗费用，或者按照合同约定给付全部或部分保险金的保险。

《建筑法》第48条规定：鼓励建筑施工企业为从事危险作业的职工办理意外伤害保险，支付保险费；《建设工程安全生产管理条例》第38条进一步明确规定：施工单位应当为施工现场从事危险作业的人员办理意外伤害保险。意外伤害保险费由施工单位支付。实施施工总承包的，由总承包单位支付意外伤害保险费。意外伤害保险期限自建设工程开工之日起至竣工验收合格止。因此，施工现场人身意外伤害保险是国家法定保险，即强制保险，施工单位必须办理施工现场从事危险作业的人员的意外伤害保险。

《建设部关于加强建筑意外伤害保险工作的指导意见》（建质〔2003〕107号）要求：建筑施工企业应当为施工现场从事施工作业和管理的人员，在施工活动过程中发生的人身意外伤亡事故提供保障，办理建筑意外伤害保险、支付保险费。范围应当覆盖工程项目。已在企业所在地参加工伤保险的人员，从事现场施工时仍可参加建筑意外伤害保险。

（2）工伤保险是对在劳动过程中遭受人身伤害（包括事故伤残和职业病以及因这两种情况造成的死亡）的职工、遗属提供经济补偿的一种社会保险制度。《中华人民共和国劳动法》第73条的规定：劳动者在下列情况下，依法享受社会保险待遇：（三）因工伤残或者患职业病。实施的原则有：强制性实施、无责任赔偿、个人不缴费、损失补偿与事故预防及职业康复相结合。

《工伤保险条例(修订)》(国务院令第586号)、《关于农民工参加工伤保险有关问题的通知》(劳社部发〔2004〕18号)、《关于实施农民工平安计划加快推进农民工参加工伤保险工作的通知》(劳社部发〔2006〕19号)和《关于加快推进农民工参加工伤保险实施平安计划工作的函》(劳社险中心函〔2006〕31号)等文件,就农民工参加工伤保险在工伤认定、劳动能力鉴定和待遇支付等方面做出了具体规定。

此后相继出台了《工伤认定办法》(人力资源和社会保障部令第8号)、《因工死亡职工供养亲属范围规定》《非法用工单位伤亡人员一次性赔偿办法》等一系列政策措施,进一步推进了工伤保险各项工作。在实施中参保、劳动能力鉴定、待遇支付等各个不同环节要注意不同的问题。

第八章　施工过程安全技术与控制

第一节　土石方工程安全技术

建筑工程施工中，土方工程量很大，特别是城市大型高层建筑深基础的施工，土方工程施工的对象和条件又比较复杂，如土质、地下水、气候、开挖深度、施工现场与设备等，对于不同的工程都不相同。施工安全在土方工程施工中是一个很突出的问题。历年来发生的工伤事故不少，而其中大部分是土方坍塌造成的。

一、基坑开挖安全技术

（一）基坑开挖的安全作业条件

基坑开挖包括人工开挖和机械开挖两类。

1. 适用范围

人工开挖适用范围：一般工业与民用建筑物、构筑物的基槽和管沟等。

机械开挖适用范围：工业与民用建筑物、构筑物的大型基坑（槽）及大面积平整场地等。

2. 作业条件

（1）人工开挖安全作业条件：

①土方开挖前，应摸清地下管线等障碍物，根据施工方案要求，清除地上、地下障碍物。②建筑物或构筑物的位置或场地的定位控制线、标准水平桩及基槽的灰线尺寸，必须经检验合格。③在施工区域内，要挖临时排水沟。④夜间施工时，在危险地段应设置红色警示灯。⑤当开挖面标高低于地下水位时，在开挖前应采取降水措施，一般要求降至开挖面下 500mm，再进行开挖作业。

（2）机械开挖安全作业条件：

①对进场挖土机械、运输车辆及各种辅助设备等应进行维修，按平面图要求堆放。②清除地上、地下障碍物，做好地面排水工作。③建筑物或构筑物的位置或场地的定位控制线、标准水平桩及基槽的灰线尺寸，必须经检验合格。④机械或车辆运行坡度应大于 1：6，当坡道路面强度偏低时，应填筑适当厚度的碎石或渣土，以免出现塌陷。

（二）方开挖施工安全的控制措施

施工安全是土方施工中一个很突出的问题，土方塌方是伤亡事故的主要原因。为此，在土方施工中应采取以下措施预防土方坍塌。

（1）土方开挖前要做好排水处理，防止地表水、施工用水和生活用水侵入施工现场或冲刷边坡。

（2）开挖坑（槽）、沟深度超过 1.5m 时，一定要根据土质和开挖深度按规定进行放坡或加可靠支撑。如果既未放坡，也不加支撑，不得施工。如 1995 年 9 月 4 日，某建筑公司承接房地产经营开发公司住宅楼土方施工时，因未按规定放坡，造成东南侧边坡坍塌，塌落约 30m³ 土方，将孟某等 3 名河北农民埋住，经抢救，1 人脱险，2 人死亡。

（3）坑（槽）、沟边 1m 以内不得堆土、堆料或停放机具；1m 以外堆土，其高度不得超过 1.5m。坑（槽）、沟与附近建筑物的距离不得小于 1.5m，危险时必须采取加固措施。

（4）挖土方不得在石头的边坡下或贴近未加固的危险楼房基底下进行。操作时应随时注意上方土壤的变动情况，如发现有裂缝或部分塌落应及时放坡或加固。

（5）操作人员上下深坑（槽）应预先搭设稳固安全的阶梯，避免上下时发生人员坠落事故。

（6）开挖深度超过 2m 的坑（槽）、沟边沿处，必须设置两道 1.2m 高的栏杆和悬挂危险标志，并在夜间挂红色标志灯。严禁任何人在深坑（槽）、悬崖、陡坡下面休息。

（7）在雨季挖土方时，必须保持排水畅通，并应特别注意边坡的稳定，大雨时应暂停土方工程施工。

（8）夜间挖土方时，应尽量安排在地形平坦、施工干扰较少和运输道路畅通的地段，施工场地应有足够的照明。

（9）人工挖大孔径桩及扩底桩施工前，必须制定防坠入落物、防坍塌、防止人员窒息的安全措施，并指定专人负责实施。

（10）机械开挖后的边坡一般较陡，应用人工进行修整，达到设计要求后再进行其他作业。

（11）土方施工中，施工人员要经常注意边坡是否有裂缝、滑坡迹象，一旦发现情况有异，应该立即停止施工，待处理和加固后方可继续进行施工。

（三）边坡的形式、放坡条件及坡度规定

边坡可做成直坡式、折线式和阶梯式 3 种形式。

当地下水位低于基坑，含水量正常，且敞露时间不长，基坑（槽）深度不超过的规定时，可挖成直壁。

当地质条件较好，且地下水位低于基坑，深度超过上述规定，但开挖深度在 5m 以内时，不加支护的最大允许坡度按照国家规定。对深度大于 5m 的土质边坡，应分级放坡并设置过渡平台。

（四）土钉墙支护安全技术

1. 适用范围

土钉墙由密集的土钉群、被加固的原位土体、喷射的混凝土面层和必要的防水系统组成，适用范围如下。

（1）可塑、硬塑或坚硬的黏性土；胶结或弱胶结的粉土、砂土和角砾；填土、风化岩层等。

（2）深度不大于 12m 的基坑支护或边坡加固。

（3）基坑侧壁安全等级为二、三级。

2. 安全作业条件

（1）有齐全的技术文件和完整的施工方案，并已进行交底。

（2）挖除工程部位地面以下 3m 内的障碍物。

（3）土钉墙墙面坡度不宜小于 1 : 0.1。

（4）注浆材料强度等级不宜低于 M10。

（5）喷射的混凝土面层宜配置钢筋网，钢筋直径宜为 6～10mm，间距宜为 150～300mm，混凝土强度等级不宜低于 C20，面层厚度不宜小于 80mm。

（6）当地下水位高于基坑底时，应采取降水或截水措施，

坡顶和坡脚应设排水措施。

3. 基坑开挖

基坑要按设计要求严格分层开挖，在完成上一层作业面土钉，且达到设计强度的70%时，方可进行下一层土层的开挖。每层开挖最大深度取决于在支护投入工作前，土壁可以自稳而不发生滑移破坏的能力，实际工程中，常取基坑每层挖深与土钉竖向间距相等。每层开挖的水平分段也取决于土壁的自稳能力，一般多为10～20m。当基坑面积较大时，允许在距离基坑四周边坡8～10m的基坑中部自由开挖，但应注意与分层作业区的开挖相协调。

挖土要选用对坡面土体扰动小的挖土设备和方法，严禁边壁出现超挖或造成边壁土体松动。坡面经机械开挖后，要采用小型机械或人工进行切削清坡，以使坡度与坡面平整度达到设计要求。

4. 边坡处理

为防止基坑边坡的裸露土体塌陷，对易塌的土体可采取下列措施。

（1）对修整后的边坡，立即喷上一层薄的混凝土，混凝土强度等级不宜低于C20，凝结后再进行钻孔。

（2）在作业面上先构筑钢筋网喷射混凝土面层，后进行钻孔和设置土钉。

（3）在水平方向上分小段间隔开挖。

（4）先将作业深度上的边壁做成斜坡，待钻孔并设置土钉后再清坡。

（5）开挖前，沿开挖垂直面击入钢筋或钢管，或注浆加固土体。

5. 土钉作业监控要点

（1）土钉作业面应分层分段开挖和支护，开挖作业面应在 24h 内完成支护，不宜一次挖两层或全面开挖。

（2）锚杆钻孔前在孔口设置定位器，使钻孔与定位器垂直，钻孔的倾斜角与设计相符。土钉打入前按设计斜度制作一操作平台，钢管或钢筋沿平台打入，保证土钉与墙的夹角与设计相符。

（3）孔内无堵塞，用水冲出清水后，再按下一节钻杆；最后一节遇有粗砂、砂卵土层时，为防止堵塞，孔深应比设计深 100～200mm。

（4）做土钉的钢管要打扁，钢管伸出土钉墙面 100mm 左右，钢管四周用井钢筋架与钢管焊接，并固定在土钉墙钢筋网上。

（5）压浆泵流量经鉴定计量正确，灌浆压力不低于 0.4MPa，且不宜大于 2MPa。

（6）土钉灌浆、土钉墙钢筋网及端部连接通过隐蔽验收后，可进行混凝土喷射施工。

（7）土钉抗拔力达到设计要求后，方可开挖下部土方。

（五）内支撑系统基坑开挖安全技术

基坑土方开挖是基础工程中的重要分项工程，也是基坑工程设计的主要内容之一。当有支护结构时，支护结构设计先完成，而对土方开挖方案提出一些限制条件，土方开挖必须符合支护结构设计的工况条件。

基坑开挖前，根据基坑设计及场地条件，编写施工组织设计，确定挖土机械的通道布置、挖土顺序、土方驳运等；应避免对围护结构、基坑内的工程桩、支撑立柱和周围环境等的不利影响。

施工机械进场前必须经验收合格后方能使用。

机械挖土，应严格控制开挖面坡度和分层厚度，防止边坡和挖土机下的土体滑移。挖土机的作业半径内不得进人，司机必须持证作业。

当基坑开挖深度较大，坑底土层的垂直渗透系数也相应较大时，应验算坑底土体的抗隆起、抗管涌和抗承压水的稳定性。当承压含水层较浅时，应设置减压井，降低承压水头或其他有效的坑底加固措施。

（六）地下基坑施工安全控制措施

（1）核查降水土方开挖、回填是否按施工方案实施。

（2）检查施工单位对落实基坑施工的作业交底记录和开挖、支撑记录。

（3）检查监测工作包括基坑工程和附属建筑物，基坑边地下管线的地下位移，如监测数据超出报警值应有应急措施。

（4）严禁超挖，削坡要规范，严禁坡顶和基坑周边超重堆载。

（5）必须具备良好的排水措施，边挖土边做好纵横明排水沟的开挖工作，并设置足够的排水井以便及时抽水。

（6）基坑作业时，施工单位应在施工方案中确定攀登设施及专用通道，作业人员不得攀登模板脚手架等临时设施。

（7）各类施工机械与基坑（槽）、边坡和基础孔边的距离应根据设备重量、基坑（槽）边坡和基础桩的支护土质情况确定。

二、土方回填安全技术

(一) 安全作业条件

(1) 回填前，应清除基底的垃圾等杂物，清除积水、淤泥，对基底标高以及相关基础、墙或地下防水层、保护层等进行验收，并要办好隐蔽工程检验手续。

(2) 施工前应根据工程特点、填方土料种类、密实度要求、施工条件等，合理确定填方土料含水率控制范围、虚铺厚度和压实遍数等参数；重要回填土方工程，其回填土的最大干密度参数应通过试验来确定。

(3) 房心和管沟的回填，应在完成上下水管道的安装或墙间加固后再进行。

(4) 施工前，应做好水平高程标志的设置：如在基坑（槽）或管沟边坡上，每隔3m土钉上水平桩；或在室内和散水的边墙上弹水平线，或在地坪上钉上标高控制木桩。

(二) 安全控制要点

(1) 管道下部应按要求夯实回填土，如果漏夯或夯不实会导致管道下方空虚，造成管道折断而渗漏。

(2) 夜间施工时，应合理安排施工顺序，设有足够的照明设施，防止铺填超厚，严禁汽车直接倒土入槽。

(3) 基坑（槽）或管沟的回填土应连续进行，尽快完成。施工中注意雨情，雨前应及时夯完已填土层或将表面压光，并做成一定坡势，以利排除雨水。

(4) 施工时应有防雨措施，要防止地面水流入基坑（槽）内，以免边坡塌方或基土遭到破坏。

(5) 在地形、工程地质复杂地区内的填方，且对填方密实度要求较高时，应采取相应措施，如设排水暗沟、护坡桩等，以防填方土粒流失，造成不均匀下沉和坍塌等事故。

（6）填方基土为杂填土时，应按设计要求加固地基，并要妥善处理基底下的软硬点、空洞、旧基及暗塘等。

第二节　基础工程安全技术

随着城市建设用地和人口密集矛盾不断加剧，同时为满足规划和建筑物本身的功能和结构要求，在建设大批高层或超高层建筑的同时，开发地下空间（如地下室、停车库、地下商业及娱乐设施等）已成为一种趋势，高层或超高层建筑的基础设计也越来越深，基础施工的难度也越来越大；与此同时，深基础施工技术也不断发展。

在高层建筑施工中，基础工程已成为影响建筑施工总工期和总造价的重要因素。在软土地区，高层建筑基础工程的造价往往要占到工程总造价的25%～40%，工期要占1/3左右，尤其在深基础施工时，如果结构设计与施工、土方开挖及降低地下水位等处理不当，或者未采取适当的措施，很容易造成对周围建（构）筑物、道路、地下管线以及已完工的工程桩的有害影响，严重的其后果不堪设想。尤其是在软土地区，高层建筑施工的难点相当部分已转向基础工程施工。近年来，设计和施工中已将很大的注意力集中在解决深基础的施工技术上，从而促进了深基础施工技术的迅速发展。

一、桩基础工程安全技术

（一）一般规定

（1）进场施工前必须根据建设方提供的施工场地及附近的高、低压输电线路，地下管线，通信电缆及周围构筑物等分布情况的资料进行现场踏勘；在山谷、河岸或水上施工，应收集了解地质地形、历年山洪和最高水位、最大风力、雷雨季节及年雷暴日数等气象和水文资料，并制定专项安全施工组织设计。

（2）自制或改装的机械设备，必须有设计方案、设计图纸、设计计算书、保证使用安全的防护装置，以及保证制作质量的技术措施、使用前对机械设备进行鉴定和验收的技术标准、使用说明书及安全操作技术规程，并必须经企业总工程师审核批准。各种自制或改装的机械设备，在投入使用前，必须经企业设计、制作、安装、设备管理、技术及安全管理、施工现场等各方有关人员按设计要求进行鉴定验收合格后，方可投入使用。

（3）桩基工程施工现场临时用电线路应采用电缆敷设，临时用电线路的敷设应符合专项安全用电施工组织设计及规程规定的要求，对经常需要移动的电缆线路，应敷设在不易被车辆碾轧、人踩及管材、工件碰撞的地方，且不得置于泥土和水中。电工每周至少必须停电检查一次电缆外层磨损情况，发现问题必须及时处理。电缆通过临时道路时，应用钢管做护套，挖沟埋地敷设，并设置牢固、明显的方位标志。

（4）每台机械设备用电必须设置专用的开关柜或开关箱，柜（箱）内必须安装过流、过载、短路及漏电保护等电器装置。机械设备和开关柜应设置保护接零或接地，开关柜（箱）应有防雨、防潮措施。电器开关柜（箱）内的电器设置及开关柜（箱）的安装等应符合《施工现场临时用电安全技术规范》（JGJ 46—2005）的有关规定。

（5）夜间施工应有安全和足够的照明，手持式行灯应使用安全电压。在遇突然停电，作业人员需要及时撤离作业点时，必须装设自备电源的应急照明装置。照明灯具的选择、安装、使用应符合《施工现场临时用电安全技术规范》（JGJ 46-2005）的有关规定。

（6）各型钻机应由熟练钻工操作，主操作人员应持证上岗，所有孔口作业人员必须戴好安全帽，穿好防滑鞋。

（7）设备运转时，严禁任何人触摸或跨越转动、传动部位和钢丝绳。钻盘上严禁站人。

（8）升降钻具（或冲抓作业）时，孔口作业人员应站在钻具起落范围之外。

（9）升降钻具前，必须检查升降机制动装置、离合器及操作把工作状况是否正常，检查提引器及防脱钩锁是否牢靠。

（10）升降作业时，不得用手直接清洗钻具。在钻具悬吊情况下，不得检查和更换钻头翼片。

（11）用转盘扭卸钻杆时，垫叉应有安全钩，禁止使用快速挡。如遇扭卸不动情况应改用人力大锤敲打振动，禁止使用机械或液压系统强行扭卸。

（12）放倒、卸下钻具时，禁止人员在钻具倒下的范围内站立或通行，同时不得碰撞孔口附近的电缆、电线。向下拖拉卸下钻具时，只能用手托住钻杆向外拉，禁止将钻杆放在肩上拖拉。

（13）塔上作业人员必须系好安全带，钻架平台上禁止放置材料和工具。

（14）处理孔内事故应遵守下列规定。

①应先了解分析孔内情况，包括下入孔内钻杆、工具的连接牢固程度等情况。同时，必须对现场有关设备、工具等安全状况进行检查。②严禁超负荷强力起拔事故钻具。③反钻具时，应使用钢丝绳反管器，使用链钳反管时，应有反管安全措施，在反弹范围内不得站人。不得硬用管钳反管。④顶、反钻具时，除直接操作人员外，其他人员应撤至安全地带。⑤严禁操作人员进入孔内。

（15）作业中，当停机时间较长时，应将桩锤落下垫好。检修时不得悬吊桩锤。

（16）工地内的危险区域应用围栏、盖板等设置牢固可靠的防护，并设置警告标志牌，夜间应设红灯示警。

（17）钻机施工必备的泥浆池（水池）、沉淀池、循环槽等的布设，应遵守需要、方便、环保、文明的原则。

（18）遇有雷雨、大雾和6级及以上大风等恶劣天气时，应停止一切作业。当风力超过7级或有风暴警报时，应将打桩机顺风向停置；并应增加缆风绳，或将桩立柱放倒在地面上，立柱长度在27m及以上时，应提前放倒。

（19）作业后，应将打桩机停放在坚实、平整的地面上，将桩锤落下垫实，并切断动力电源。

（二）设备安装、拆卸与迁移

（1）各种机械设备的安装和拆除应严格按照其出厂说明书及编制的专项安装、拆除方案进行。

（2）机械设备在迁移前，应查明行驶路线上的桥梁、涵洞的上部净空，以及道路、桥梁的承载能力。承载能力不够的桥梁，必须事先制定加固措施。

（3）机械设备必须安装在平整、坚实的场地上，遇松软的场地必须先夯实，并加奠基台木和木板。在台架上作业的钻机，钻机底盘与台架必须连接可靠。

（4）机械设备必须安装稳固、调整水平。回转钻机的回转中心、冲击（冲抓）钻机钻架、天车滑轮槽缘的铅垂线应对准桩孔位置，偏差不得大于设计允许值（10～15mm）。

（5）必须在机械设备的传动部分（明齿轮、万向轮、皮带和加压轮）的外部安装牢固的防护栏杆或防护罩，加压轮用的钢丝绳必须加防护套。

（6）铺设在台架（平台）上的木板厚度不得小于50mm；当采用钢板铺设时，钢板板面应有防滑措施。

（7）塔架的梯子、工作台及其防护栏杆必须安装牢固、可靠，防护栏杆净高度应不低于1.2m。滑轮与天车轮必须使用铸钢件，天车轮要有天车挡板，必须装上钢丝绳提升限位器和防止钢丝绳跳槽的安全挡板。

（8）塔架不得安装在架空输电线路的下方，塔架竖起（安装）或放倒（拆卸）时，其外侧边缘与架空输电线的边线之间必须保持一定的安全操作距离。

（9）安装、拆卸和迁移塔架时，必须服从机（班）长或技术人员的统一指挥，严禁作业人员上下抛掷工具和物件，严禁塔上塔下同时作业，严禁在塔上或高处位置存放拆装工具和物件。在整体竖起或放倒塔架时，施工人员应离开塔架倒俯范围。

（10）设备在现场内迁移时，作业人员应先检查并清除途中的障碍物，必须设专人照看电缆，防止轧损。无关人员应撤至安全地带。

（11）采用轨道、滚筒方式移动平台时，作业人员应先检查轨道、滑轮、滚筒、钢丝绳、支腿油缸等安全情况，移动时应力求平稳、匀速，防止倾倒。

（12）车装钻机移位时，要放倒桅杆，拆除电缆、胶管，钻车到位后，立即用三角木楔紧车轮，并保证支腿坐落在基台木上。

（13）用汽车装运机械设备时，要将物件放稳绑牢，装卸应由有经验的人指挥。禁止超荷装载。人力装卸车时所用跳板必须有足够的强度，并设有防滑隔挡，架放坡度不得大于20°，落地一端要有防滑动措施。

（14）冲击钻、冲抓锥的三脚架或人字架的安装高度不得低于7.5m，两腿间角度不小于75°，底腿要固定，装好平拉手，安全系数不小于5，钢丝绳安全系数不小6。

（三）桩位放样

（1）测量人员在测量前应了解作业区域有无未及时回填的桩孔。测量、立尺时不得倒退行走。

（2）在架空输电线路附近测量时，标尺定点立尺、收尺时应注意保持与四周及上空的架空输电线路的安全操作距离。

（3）测量钉桩时不得对面使锤，并应注意周围作业人员的安全。钢钎和其他工具不得随意抛掷。

（4）遇雷雨时不得在高压线、大树下工作及停留。

（四）埋设护筒

（1）裸孔开挖时，挖掘深度一般不超过2m；否则，必须采取护筒跟进或浇筑混凝土护壁围壁等措施。

（2）挖掘深度超过 2m 时，应在孔边设置防护栏杆。

（3）孔内有人挖掘作业，孔口必须有人监护。如孔内出现异常情况，应及时将作业人员提升到地面，并立即报告施工负责人处理。排除险情后，方可继续作业。

（4）在腐殖土较厚地层挖孔时，应采取有效的通风措施，并应有专人监测有毒有害气体。如孔内散发出异味，应立即暂停作业撤至地面，并报告施工负责人，查明原因，采取有效措施后方可继续施工。

（5）孔内挖掘遇有大石块需要吊运清出时，在装好石块后，孔内人员必须上到地面后，才能吊运石块。

（6）孔内需要抽水，应在挖孔作业人员上到地面后再进行，水泵必须加装漏电保护装置。

（7）在易塌的砂层宜采用双层护筒方法施工，在外层护筒内挖砂土，使护筒跟进，挖到预定深度，再安设正式护筒。

（8）停止作业时，孔口应用盖板盖严并设置围栏和警告标志牌。

二、打混凝土预制桩

（一）一按规定

（1）吊桩前应将桩锤提升到一定位置固定牢靠，防止吊桩时桩锤坠落。

（2）起吊时吊点必须正确，速度要均匀，桩身应平稳，必要时桩架应设缆风绳。

（3）桩身附着物要清除干净，起吊后，人员不准在桩下通行。

（4）吊桩与运桩发生干扰时，应停止运桩。

（5）插桩时，手脚严禁伸入桩与龙门之间。

（6）用撬棍或板舢等工具校正桩时，用力不宜过猛。

（7）打桩时应采取与桩型、桩架和桩锤相适应的桩帽及衬垫，发现损坏应及时修整或更换。

（8）锤击不宜偏心，开始时落距要小。如遇贯入度突然增大，桩身突然倾斜或位移、桩头严重损坏、桩身断裂、桩锤严重回弹等应停止锤击，采取措施后，方可继续作业。

（9）熬制胶泥要穿好防护用品。工作棚应通风良好，注意防火；容器不准用锡焊，防止熔穿泄漏；胶泥浇注后，上节桩应缓慢放下，防止胶泥飞溅。

（10）套送桩时，应使送桩、桩锤和桩三者中心在同一轴线上。

（11）拔送桩时，应选择合适的绳扣，操作时必须缓慢加力，随时注意桩架、钢丝绳的变化情况。

（12）送桩拔出后，地面孔洞必须及时回填或加盖。

（二）钻进成孔

1. 操作泵吸反循环回转钻时的有关规定

（1）作业前检查钻机传动部位的各种安全防护装置，紧固所有螺栓，将地面管线与孔内钻具连接可靠，做到不漏不堵。

（2）开动钻机前，应先启动砂石泵，等形成正常反循环后才能开动钻机慢速回转，下放钻头入孔，待钻头正常工作后逐渐加大转速，调整钻压。

（3）钻机主操作手应精力集中，随时观察机械运转情况和指示仪表量值显示，感知孔内反映信息，及时调整技术参数。

（4）加接钻杆时，应先停钻并将钻具提升至离孔底1m左右，让冲洗液循环1～2min，然后停泵加接钻杆，并拧紧牢固。防止螺栓、螺母或工具等掉入孔内。

（5）钻进成孔过程中，若孔内出现塌孔、涌砂等异常情况，应将钻具提升离开孔底控制泵量，在保持冲洗液循环的同时向孔内输送性能符合要求的泥浆。

（6）起钻操作要轻稳，防止钻头拖刮孔壁，并向孔内补入适量冲洗液。

2. 操作正循环回转钻时的相关规定

（1）检查冲洗液循环系统是否安全可靠，并根据钻进地层性质调配重度、黏度适宜的冲洗液（泥浆）。

（2）应严格遵守正循环钻进启动程序。

①下钻具入孔内，使钻头距孔底渣面50～80mm。②开动泥浆泵，让冲洗液循环2～3min。③启动钻机，并先轻压慢转，逐渐增加转速、增大钻压。

（3）正常钻进时，应随时掌握升降机、钢丝绳的松紧度，减少钻杆和水龙头晃动。

（4）钻进过程中若遇易塌地层，应适当加大泥浆的重度和黏度。

3. 潜水电钻成孔作业的相关规定

（1）潜水电钻的启动、钻速的控制等应符合规定。电钻上应加焊吊环，拴上钢丝绳通至孔口吊住。电钻必须安设过载保护装置，其跳闸电流为80～100A。（2）升降电钻或钻进过程中，要有专人负责收放电缆和进浆胶管，钻进中送放要及时，应少放、勤放；提升钻具时，卷扬机操作手与收放线人员要配合好，防止提快收慢。

4.冲抓锥成孔作业的相关规定

（1）应先收紧内套钢丝绳将锥提起，检查锥的中心位置是否与护筒中心一致。检查锥架、底腿是否牢固，检查卷扬机和自动挂脱部件动作是否灵活、可靠。

（2）对卷扬机的操作要平稳，要控制好放绳量，发现钢丝绳摆动厉害时，要停止作业，查明原因。

（3）应根据冲抓岩土的松散度选择合适的冲程：冲抓松散层宜选小冲程（0.5~1.0m）；冲抓砂卵石层宜选中等冲程（1~2m）；当砂卵石较密实时可加大冲程（2~3m）。

5.冲击钻成孔作业的相关规定

（1）冲击钻进时应控制好钢丝绳放松量，既要防止放得过多，也要防止放得过少，放绳要适量。若用卷扬机施工应有有效措施控制冲程。冲击钻头下到孔底后要及时收绳，提起钻头。

（2）在基岩中冲击钻进时，宜采用高冲程（2.5~3.5m）。

（3）每次捞渣后，应及时向孔内补充泥浆或黏土，保持孔内水位高于地下水位1.5~2m。

（4）作业时，孔口附近禁止站人。

6.螺旋钻成孔作业的相关规定

（1）开钻前，应纵横调平钻机，安装导向套。（2）开孔时，应缓慢回转，保持钻杆垂直。（3）钻进时，应保持钻具工作平稳，随时清理孔口积土。发生卡钻、夹钻时，不得强行钻进或提升，应缓慢回转，上下活动。

7.沉管桩施工相关规定

（1）检查桩尖埋设位置是否与设计桩位相符合，钢管套入桩尖后应保持两者轴线一致。

（2）给钢管施加的锤击（或振动）力应均匀，让施加力落于钢管中心，严禁打偏锤。

（3）成孔过程要随时注意桩管沉入情况，控制好收放钢丝绳的长度。向上拔管时，要垂直向上边振动边拔，遇到卡管时，不得强行蛮拉。

（4）采用二次复打方式时，应清除钢管外的泥沙，前后两次沉管的轴向应重合。

（5）用振动沉管法成孔时，开机前操作人员必须发出信号，振动锤下禁止站人。用收紧钢丝绳加压时，应随桩管沉入，随时调整钢丝绳，防止抬起机架。

（6）在打沉管桩时，孔口和桩架附近不得有人站立或停留。

（7）停止作业时，应将桩管底部放到地面垫木上，不得悬吊在桩架上。

（8）在桩管打到预定深度后，应将桩锤提升到4m以上锁住后，才可检查桩管、浇筑混凝土。

三、人工挖孔

（1）施工现场所有设备、设施、安全防护装置、工具、配件以及个人防护用品必须经常检查，确保完好和正确使用。

（2）人工挖孔作业施工用电应符合有关规定，桩孔内作业如需照明，必须使用安全电压，灯具应符合防爆要求，孔内电缆必须固定，并采取防破损、防潮的措施。

（3）夜间禁止人工挖孔作业。

（4）多孔施工应间隔开挖，相邻的桩孔不能同时进行挖孔作业。

（5）孔口操作平台应自成体系，防止在护壁下沉时被拉垮。

（6）孔内作业人员必须戴安全帽，作业时不得吸烟，不得穿化纤衣裤，不得在孔内使用明火，同一人在孔内连续作业时间不得超过 2h。

（7）班前和施工过程中，要随时检查起重设备各部件是否牢固、灵活；支腿是否牢固稳定；起重钢丝绳及其与挂钩的连接、挂钩的安全卡环、防坠保护装置等是否牢固、可靠；提桶是否完好，发现问题应及时修理或更换。

（8）必须遵守逐节施工的原则，即必须做到挖一节土做一节混凝土护壁。孔内开挖作业必须待护壁稳定后再挖下一节。

（9）桩孔扩底（适宜于黏土层、硬实砂土层）应采用间隔削土法，留一部分土做支撑，待浇灌混凝土前再挖支撑土。淤泥层、松散砂层（含流砂层）不宜人工扩底。

（10）正在施工的桩孔，每天班前应将积水抽干，并用鼓风机向孔内送风至少 5min，经检测符合要求后，方可下人作业。当孔深超过 10m 时，地面应配备向孔内送风的专用设备，风量不宜少于 25L/s，孔底凿岩时应加大送风量。

（11）孔内有人作业，孔口应有专人监护。发现护壁变形、涌水、流砂以及有异味气体等时，应立即停止作业，迅速将孔内作业人员撤至地面，并报告施工负责人处理，在排除隐患后方可继续施工。

（12）开挖复杂的土层结构时，每挖 0.5～1.0m 应用手钻

或不小于 φ16 钢筋对孔底做品字形探查，检查孔底面以下是否有洞穴、涌砂等，确认安全后，方可继续作业。

（13）作业人员上下孔井，应使用安全性能可靠的吊笼或爬梯，使用吊笼时其起重机械各种保险装置必须齐全有效。不得用人工拉绳子运送作业人员和脚踩护壁凸缘上下桩孔。桩孔内壁应设置尼龙保险绳，并随挖孔深度增加放长至作业面，作为救急备用。

（14）桩孔内作业需要的工具应放在提桶内递送，长柄工具应将重的一头放在提桶底部，上端用绳捆绑在起重绳上。禁止向孔内抛掷，禁止工具与土方混装提升。

（15）当桩孔探至 5m 以下时，应在孔底面 3m 左右处的护壁凸缘上设置半圆形的防护罩，防护罩可用钢（木）板做成，当装运挖出土方的提桶上下时，孔内作业人员必须停止作业，并站在防护罩下。由桩孔内往上提升大石块时，孔内不得有人，孔内作业人员在装载好物件后，必须先上到地面上，然后才可提升。

（16）孔底凿岩时应采用湿式作业法，并必须加大送风量。作业人员必须穿绝缘鞋，戴绝缘手套。凿岩工具用电必须符合有关规定。

（17）排除孔内积水应使用潜水泵，不得用内燃机放在孔内作为排水动力，排水过程孔内不得有人。排水作业结束，必须在切断潜水泵电源后，作业人员方可进入孔内。

（18）挖出的土方应及时运走，桩孔周边 2m 范围内不得存放任何杂物或挖出的土方。

（19）机动车辆需在作业现场内通行时，必须制定安全防护措施，对其行驶路线进行专项规划。机动车辆在作业现场内行驶时，其行驶路线近旁的桩孔内不得有人作业。

（20）孔口地面应设置好排水系统，以防积水向孔内回灌。如孔口附近出现泥泞现象，必须及时清理。

（21）孔内停止作业时，必须盖好孔口或设置不低于1.2m的防护栏杆将孔口封闭围住，并应设立醒目的警示牌，夜间应设红灯示警。

（22）挖孔成型后，必须在当天验收，并立即下置护筒或灌筑混凝土，以防塌孔。

四、混凝土灌筑

（1）运移钢筋笼的通道上不得有任何障碍物。多人合运钢筋笼必须保持起杠、落杠抬运动作协调，使用的绳、杠要安全可靠。

（2）吊装钢筋笼时，吊钩与钢笼的连接要安全可靠。

（3）起吊钢筋笼入孔前，应先检查清理孔口附近的杂物、工具等物件，起吊过程中钢筋笼不得碰、挂电缆和其他物件、设备。在钢筋笼倒俯范围内禁止站人。

（4）向孔内下置钢筋笼时，必须吊直扶正，孔口作业人员要站在干净、清洁、无泥泞的地面上作业，下笼动作要缓慢、平稳。下笼遇阻时，应查清钢筋笼受阻的原因，禁止作业人员在钢筋笼上踩踏加压或盲目采用其他加压方式强行下压钢筋笼，也不得回程提起钢筋笼盲目地向下冲、砸、墩。

（5）采用人力搬运灌浆管时，应该用木质杠子（长度1.2m以上）插入2/3用手托着抬运。禁止使用金属杆（管）插入管内作业抬运工具，禁止放在肩上抬运。

（6）下置灌浆管前，应先将孔口周围的防护地板铺好，仔细检查灌浆管的接头丝扣是否完好，并清洁、上油。

（7）起吊灌浆管时，禁止扶管人员用手托触管口底端扶送，升降机操作要平稳，防止管子甩荡伤人。

（8）下置导管途中遇阻时，要判明受阻原因，要防止导管偶受钢筋笼箍筋阻挡出现突然下沉而伤人。提起管子转动时，禁止反向转动。

（9）向储料斗内倒入的混凝土重量不得超过储料斗横梁及起吊绳索 U 形环、设备等允许的负荷量。

（10）储料斗被吊起运行时，其下方严禁站人。作业人员不得用手直接扶持料斗，只能用拉绳稳定料斗。

（11）灌浆过程中，升降机、吊车操作人员必须与孔口塔上人员紧密配合，应按孔口作业人员指令进行操作，操作动作要稳当、准确。

（12）升降和上下抖动导管时，任何人员不得站在漏斗下方，严禁作业人员站在漏斗上面观察混凝土下泄情况。

（13）在测定沉渣厚度和灌注高度时，孔口应停止其他作业。

（14）灌筑完毕后，应认真做好以下工作：

①对低于现场地面标高的桩孔孔口，要及时采取措施进行回填，不能及时回填的，应加盖并设防护栏杆和警告标志。②料斗应放回地面，需要拉到塔架上停放的，挂料斗的升降机一定要刹紧，并用绳子捆牢。

第三节 主体工程安全技术

主体工程施工过程比较复杂，各工种交叉作业，安全管理工作十分重要。现浇钢筋混凝土工程是主体工程施工的主要内容，现浇钢筋混凝土工程施工时，首先要进行模板的支撑、钢筋的成型与绑扎安装，最后进行混凝土的浇筑与养护等工作，涉及多工种的配合。为了确保现浇钢筋混凝土施工过程的安全，下面重点介绍其施工过程中钢筋工程、模板工程、混凝土浇筑工程的施工安全控制技术。

一、钢筋加工与安装安全技术

钢筋机械是用于加工钢筋和钢筋骨架等作业的机械。按作业方式可分为钢筋加工机械、钢筋焊接机械、钢筋强化机械、钢筋预应力机械几种。

常用的钢筋加工机械为钢筋切断机、钢筋弯曲机、钢筋调直机等。钢筋切断机有机械传动式和液压式两种，它是把钢筋原材料和已矫直的钢筋切断成所需长度的专用机械。钢筋弯曲机又称冷弯机，它是对经过调直、切断后的钢筋，加工成构件中所需要配置的形状，如端部弯钩、梁内弯筋、起弯钢筋等。钢筋调直机用于将成盘的钢筋和经冷拔的低碳钢筋调直，它具有一机多用的功能，能在一次操作中完成钢筋调直、输送、切断，并兼有清除表面氧化皮和污迹的作用。

钢筋焊接机械主要有对焊机、点焊机和手工弧焊机。

(一) 钢筋切断机安全使用要点

(1) 接送料的工作平台应和切刀下部保持水平，工作台的长度应根据待加工材料长度设置。

(2) 机械未达到正常运转时，不可切料。切料时必须使用切刀的中小部位，紧握钢筋，对准刃口迅速投入。送料时应在固定刀片一侧握紧并压住钢筋，以防钢筋末端弹出伤人。严禁用两手分在刀片两边握住钢筋俯身送料。

(3) 不得剪切直径及强度超过机械铭牌额定值的钢筋和烧红的钢筋。一次切断多根钢筋时，其截面积应在规定范围内。

(4) 切断短料时，手和切刀之间的距离应保持在150mm以上，如手握端小于400mm时，应采用套管或夹具将钢筋短头压住或夹牢。

(5) 运转中，严禁用手直接清除切刀附近的断头和杂物。钢筋摆动周围和切刀周围不得停留非操作人员。

(二) 钢筋调直机安全使用要点

(1) 在调直块未固定、防护罩未盖好前不得送料。作业中严禁打开各部防护罩及调整间隙。

(2) 当钢筋送入后，手与曳轮必须保持一定的距离，不得接近。

(3) 送料前应将不直的料头切除。导向筒前应装一根1m长的钢管，钢筋必须先穿过钢管再送入调直筒前端的导孔内。

(三) 钢筋弯曲机安全使用要点

(1) 芯轴、挡铁轴、转盘等应无裂纹和损伤。防护罩应坚固可靠。经空运转确认正常后，方可作业。

（2）作业时，将钢筋需弯一端插入在转盘固定销的间隙内，另一端紧靠机身固定销，并用手压紧，检查机身固定销确实安放在挡住钢筋的一侧，方可开动。

（3）作业中，严禁进行更换轴芯、销子和变换角度以及调速等作业，也不得进行清扫和加油。

（4）严禁在弯曲钢筋的作业半径内和机身不设固定销的一侧站人。弯曲好的半成品，应堆放整齐，弯钩不得朝上。

（四）对焊机安全使用要点

（1）使用前要先检查手柄、压力机构、夹具等是否灵活可靠，根据被焊钢筋的规格调好工作电压，通入冷却水并检查有无漏水现象。

（2）调整断路限位开关，使其在焊接到达预定挤压量时能自动切断电源。

（五）点焊机安全使用要点

（1）焊机通电后，应检查电气设备、操作机构、冷却系统、气路系统及机体外壳有无漏电等现象。

（2）焊机工作时，气路系统、水冷却系统应畅通。气体必须保持干燥，排水温度不应超过40℃，排水量可根据季节调整。

（六）交流弧焊机安全使用要点

（1）多台弧焊机集中使用时，应分接在三相电源网络上，使三相负载平衡。多台焊机的接地装置，应分别由接地极处引接，不得串联。

（2）移动弧焊机时，应切断电源，不得用拖拉电缆的方法移动焊机。如焊接中突然停电，应立即切断电源。

(七) 直流弧焊机安全使用要点

（1）数台焊机需同一场地作业时，应逐台启动，避免启动电流过大，引起电源开关关掉。

（2）运行中，调节焊接电流和极性开关时，不得在负荷时进行。调节时，不得过快、过猛。

二、模板安拆安全技术

(一) 模板工程使用材料

模板工程使用材料一般有钢材、木材及铝合金等。

1. 钢材的选用

钢材的选用应根据设计要求、模板体系的重要性、荷载特征、连接方法等不同情况，选择其钢号和材质。钢材、钢管、钢铸件、钢管扣件连接用的焊条、混合钢模板及配件制作质量均应符合相应现行国家标准的规定。

2. 面板材料

面板材料除采用钢、木外，还可采用胶合板、复合纤维板、塑料板、玻璃钢板等，承重常用胶合板应符合《混凝土模板用胶合板》（GB/T 17656-2008）的有关规定。

3. 模板的组成

一般模板通常由3部分组成：模板面、支撑结构（包括水平支撑结构、垂直支撑结构）和连接配件（包括穿墙螺栓、模板面连接卡扣、模板面与支撑构件以及支撑构件之间连接的零配件等）。

(二) 模板专项方案内容

模板使用时需要经过设计计算。模板的结构设计，必须能承受作用在支模结构上的垂直荷载和水平荷载（包括混凝土的侧压力、振捣和倾倒混凝土时产生的侧压力、风力等）。在所有可能产生的荷载中要选择最不利的组合验算模板整体结构，包括模板面、支撑结构、连接原件的强度、稳定性和刚度。在模板结构设计上首先必须保证模板支撑系统形成空间稳定的结构体系，模板设计的内容如下：

（1）根据混凝土施工工艺和季节性施工措施，确定其构造和所承受的荷载。

（2）绘制模板设计图、支撑设计布置图、细部构造和异型模板大样图。

（3）按模板承受荷载的最不利组合对模板进行验算。

（4）制定模板安装及拆除的程序和方法。

（5）编制模板及构件的规格、数量汇总表和周转使用计划。

根据《建设工程安全生产管理条例》的要求，模板工程施工前应编制专项施工方案，模板工程施工方案的内容主要有以下几个方面。

（1）该工程现浇混凝土工程的概况。

（2）拟选定的模板类型。

（3）模板支撑体系的设计计算及布料点的设置。

（4）绘制模板施工图。

（5）模板搭设的程序、步骤及要求。

（6）浇筑混凝土时的注意事项。

（7）模板拆除的程序及要求。

对高度超过 8m，或跨度超过 18m，或施工总荷载大于 10kN/m2，或集中线荷载大于 15kN/m 的模板支架，应组织专家论证，必要时应编制应急预案。

（三）常用扣件式钢管模板支架的设计与施工

1. 材料

模板支架的钢管应采用标准规格 $\phi 48mm \times 3.5mm$，壁厚不得小于 3.0mm。钢管上严禁打孔，其质量应符合现行国家标准的规定。扣件式钢管模板支架应采用可锻铸铁制作的扣件，其材质应符合现行国家标准《钢管脚手架扣件》（GB 15831—2006）的规定。搭设模板支架用冷钢管扣件，使用前必须进行抽样检测，抽检数量按有关规定执行。未经检测或检测不合格的一律不得使用。有裂缝、变形或螺栓出现滑丝的扣件严禁使用。

2. 构造要求

模板支架必须设置纵横向扫地杆：纵向扫地杆应采用直角扣件，固定在距底座上皮不大于 200mm 处的立杆上；横向扫地杆也应采用直角扣件，固定在紧靠纵向扫地杆下方的立杆上。当立杆基础不在同一高度上时，必须将高处的纵向扫地杆向低处延长两跨与立杆固定，高低差不应大于 1m。靠边坡上方的立杆轴线到边坡的距离不应小于 500mm。立杆接长除顶部可采用搭接外，其余各步接头必须采用对接扣件连接。对接、搭接应符合下列规定：立杆上的对接扣件应交错布置，两根相邻立杆的接头不应设置在同步内；搭接长度不应小于 1m，应采用不少于两个旋转扣件固定，端部扣件盖板的边缘至杆端距离不应小于 100mm。节点处必须设置一根横向水平杆，用直角扣件扣接且严禁拆除。主节点两个直角扣件的中心距离不应大于 150mm。

3. 设计计算

设计计算主要内容如下。

（1）水平杆件计算。

（2）立杆稳定性计算。

（3）连接扣件抗滑承载力计算。

（4）立杆地基承载力计算。

具体方法及内容必须符合《建筑施工模板安全技术规范》（JGJ 162—2008）、《建筑施工扣件式钢管脚手架安全技术规范》（JGJ 130—2011）等规定。属于高大模板的还必须符合《建设工程高大模板支撑系统施工安全监督管理导则》（建质〔2009〕254号）的规定。

（四）模板的安装

（1）模板支架的搭设：底座、垫板均应准确地放在定位线上，垫板采用厚度不小于50mm的木垫板，也可采用槽钢。

（2）基础及地下工程模板安装时应符合下列要求：

①地面以下支模应先检查土壁的稳定情况，当有裂纹及塌方危险迹象时，应在采取安全措施后，方可作业。当深度超过2m时，应为操作人员设置上下扶梯。②距基槽（坑）边缘1m内不得堆放模板。向基槽（坑）内运料应使用起重机、溜槽或绳索；上、下人员应互相呼应，运下的模板严禁立放于基槽（坑）壁上。③斜支撑与侧模的夹角不应小于45°，支撑在土壁上的斜支撑应加设垫板，底部的扶木应与斜支撑连接牢固。高大长脖基础若采用分层支模时，其下层模板应经就位校正并支撑稳固后，再进行上一层模板的安装。④两侧模板间应用水平支撑连成整体。

（3）柱模板的安装应符合下列要求：

①现场拼装柱模时，应及时加设临时支撑进行固定，4片柱模就位组拼经对角线校正无误后，应立即自下而上安装

柱箍。②若为整体预组合柱模，吊装时应采用卡环和柱模连接，不得用钢筋钩代替。③柱模校正（用4根斜支撑或用连接在柱模顶四角带花篮螺栓的缆风绳，底端与楼板筋拉环固定进行校正）后，应采用斜撑或水平撑进行四周支撑，以确保整体稳定。当高度超过4m时，应群体或成列同时支模，并应将支撑连成一体，以形成整体框架体系。单根支模时，柱宽大于500mm，应每边在同一标高上不得少于两根斜支撑或水平撑，与地面的夹角为45°～60°，下端还应有防滑移的措施。④边柱、角柱模板的支撑，除满足上述要求外，在模板里面还应于外边对应的点设置既能承拉又能承压的斜撑。

（4）墙模板的安装应符合下列要求：

①用散拼定型模板支模时，应自下而上进行，必须在下一层模板全部紧固后，方准上一层安装。当下层不能独立安设支撑件时，应采取临时固定措施。②采用预拼装的大块墙模板进行支模安装时，严禁同时起吊两块模板，并应边就位边校正边连接，固定后方可摘钩。③安装电梯井内墙模前，必须于板底下200mm处满铺一层脚手板。④模板未安装对拉螺栓前，板面应向后倾一定角度。安装过程应随时拆换支撑或加支撑，以保证墙模随时处于稳定状态。⑤拼接时的U形卡应正反交替安装，间距不得大于300mm；两块模板对接接缝处的U形卡应满装。⑥对拉螺栓与墙模板应垂直、松紧一致，并能保证墙厚尺寸正确。⑦墙模板内外支撑必须坚固、可靠，并应确保模板的整体稳定。当墙模板外面无法设置支撑时，应于里面设置能承受拉和压的支撑。多排并列且间距不大的墙模板，当其支撑互成一体时，应有防止浇筑混凝土时引起临近模板变形的措施。

（5）独立梁和整体楼盖梁结构模板安装应符合下列要求：

①安装独立梁模板时，应设操作平台，高度超过3.5m时，应搭设脚手架并设防护栏。严禁操作人员站在独立梁底模或柱模支架上操作及上下通行。②底模与横楞应拉结好，横楞与支架、立柱应连接牢固。③安装梁侧模时，应边安装边与底模连接，侧模多于两块高时，应设临时斜撑。④起拱应在侧模内外楞连接牢固前进行。⑤单片预组合梁模，钢楞与面板的拉结应按设计规定制作，并按设计吊点，试吊无误后方可正式吊运安装，待侧模与支架支撑稳定后方准摘钩。⑥支架立柱底部基土应按规定处理，单排立柱时，应于单排立柱的两边每隔3m加设斜支撑，且每边不得少于两根。

（6）楼板或平台板模板的安装应符合下列要求：

①预组合模板采用桁架支模时，桁架与支点连接应牢固可靠，同时桁架支承应采用平直通长的型钢或方木。②预组合模板块较大时，应加钢楞后吊运。当组合模板为错缝拼配时，板下横楞应均匀布置，并应在模板端穿插销。③单块模板就位安装，必须待支架搭设稳固，板下横楞与支架连接牢固后进行。④U形卡应按规定设计安装。

三、混凝土浇筑安全技术

（1）固定式搅拌机应安装在牢固的台座上。当长期固定时，应埋置地脚螺栓；当短期使用时，应在机座上铺设枕木并找平、放稳。

（2）固定式搅拌机的操纵台，应使操作人员能看到各部工作情况。电动搅拌机的操纵台，应垫上橡胶板或干燥木板。

（3）移动式搅拌机的停放位置应选择平整坚实的场地，周围应有良好的排水沟渠。就位后，应放下支腿，将机架顶起达到水平位置，使轮胎离地。当使用期较长时，应将轮胎卸下并妥善保管，轮轴端部用油布包扎好，并用枕木将机架垫起支牢。

（4）对需设置上料斗地坑的搅拌机，其坑口周围应垫高夯实，应防止地面水流入坑内。上料轨道架的底端支撑面应夯实或铺砖，轨道架的后面应采用木料加以支撑，应防止作业时轨道变形。

（5）料斗放到最低位置时，在料斗与地面之间应加垫木。

（6）作业前重点检查项目应符合下列要求：①电源电压升降幅度不超过额定值的5%。②电动机和电器元件的接线牢固；电动机及金属构架应按有关规定，做保护接零或保护接地。③各传动机构、工作装置、制动器等均紧固可靠，开式齿轮、皮带轮等均有防护罩。④齿轮箱的油质、油量应符合规定。

（7）作业前，应先启动搅拌机空载运转。应确认搅拌筒或叶片旋转方向，与筒体上箭头所示方向一致。对反转出料的搅拌机，应使搅拌筒正、反转运转数分钟，并应无冲击抖动现象和异常噪声。

（8）作业前，应进行料斗提升试验，应观察并确认离合器和制动器灵活、可靠。

（9）应检查骨料规格，并应与搅拌机性能相符，超出许可范围的不得使用。

（10）进料时，严禁将头或手伸入料斗与机架之间。运转中，严禁用手或工具伸入搅拌筒内扒料、出料。

（11）搅拌机作业中，当料斗升起时，严禁任何人在料斗下停留或通行；当需要在料斗下检修或清理料坑时，应将料斗提升后，用保险铁链或插入销锁住。

（12）作业中，应观察机械运转情况，当有异常或轴承温升过高等现象时，应停机检查；当需检修时，应将搅拌筒内的混凝土清除干净，然后再进行检修。

（13）加入强制式搅拌机的骨料最大粒径不得超过允许值，并应防止卡料。每次搅拌时，加入搅拌筒的物料不应超过规定的进料容量。

（14）强制式搅拌机的搅拌叶片与搅拌筒底及侧壁的间隙，应经常检查并确认是否符合规定，当间隙超过标准时，应及时调整。当搅拌叶片磨损超过标准时，应及时修补或更换。

（15）作业后，应对搅拌机进行全面清理；当操作人员需进入筒内清理、维修时，必须切断电源或卸下熔断器，锁好开关箱，挂上禁止合闸标牌，并应有专人在外监护。

（16）作业后，应将料斗降落到坑底，当需升起时，应用保险铁链或插销扣牢。

（17）冬期作业后，应将水泵、放水开关、量水器中的积水排尽。

（18）搅拌机在场内移动或远距离运输时，应将进料斗提升到上止点，并用保险铁链或插销锁住。

四、砌筑工程安全技术

（1）脚手架上堆料不得超过规定荷载，堆砖高度不得超过3块砖；在同一块脚手板上不得超过两人以上同时砌筑作业。

（2）不准用不稳固的工具或物体垫高作业，不准使用施工用木模板、钢模板等代替脚手板。

（3）所用工具必须放妥放稳，灰桶、吊锤、靠尺等不准乱放乱丢，防止掉落伤人。

（4）砍砖时应注意碎砖跳出伤及他人，应蹲着面向墙面砍砖。

（5）如遇雨天，下班时要做好防雨遮盖措施，以防大雨将砌筑砂浆冲洗，使砌体倒塌。

（6）砌基础前必须检查槽壁土质是否稳定，如发现有土壁裂纹、水浸化冻或变形等坍塌危险时，应立即报告施工现场负责人处理，不得冒险作业。对槽边有可能坠落的危险物，应先进行清理，清理后方可作业。

（7）在加固支撑的基槽内砌筑基础时，特别在雨后及排水过程中，应随时检查支撑有无松动、变形，如发现异状，应立即进行重新加固，加固后方可操作。

（8）拆除基槽内的支撑，应随着基础砌筑进度由下向上逐步拆除。

（9）在深基槽砌筑时，上下基槽必须设工作梯或斜道，不得任意攀跳基槽，更不得蹬踩砌体或加固土壁的支撑上下。

（10）墙身砌体高度超过地坪1.2m以上时，应使用脚手架。在一层以上或高度超过3.2m时，如采用内脚手架，外面必须搭设防护栅、安全网；如采用外脚手架，应设护身栏杆和挡脚板，并架设密目网后方可砌筑。利用原架做外沿勾缝时，应对架子重新检查及加固。

（11）不准在护身栏杆上坐人，不准在正在砌筑的墙顶上行走。

（12）不准站在墙顶上刮缝及清扫墙面或检查墙角垂直等工作。禁止脚手板高出墙顶吊悬砌筑，以防操作人员疲劳、头晕，掉下摔伤。

（13）砌筑山墙时，应尽量争取当天完成。如当天不能完成，应设双面支撑，以免被风吹倒或变形。

（14）砌筑砌块时，操作人员要双手抓紧，注意防止压伤手指，当搬上墙后，要放平放稳，以防掉下，砸伤手脚。

（15）工作完毕，要做到工完料清，及时清理工作面上的碎砖、砌块及建筑垃圾。

第四节　脚手架搭设安全技术

脚手架是建筑施工中必不可少的临时设施，例如砖墙的砌筑、墙面的抹灰、装饰和粉刷、结构构件的安装，都需要在其近旁搭设脚手架，以便在其上进行施工操作、堆放施工用料和必要时的短距离水平运输。脚手架虽然是随着工程进度而搭设，工程完毕后拆除，但它对建筑施工速度、工作效率、工程质量以及工人的人身安全有着直接的影响。如果脚手架搭设不及时，势必会拖延工程进度；脚手架搭设不符合施工需要，工人操作就不方便，质量就得不到保证，工效也提不高；脚手架搭设不牢固，不稳定，就容易造成施工中的伤亡事故。因此，脚手架的选型、构造、搭设质量等绝不可疏忽大意，轻率处理。

一、扣件式钢管脚手架工程安全技术

(一) 落地式脚手架

1. 一般要求

(1) 落地脚手架的设计、制作、检查与验收等工作应遵守《建筑结构荷载规范》(GB 50009—2012)、《混凝土结构设计规范》(GB 50010—2010)、《建筑施工扣件式钢管脚手架安全技术规范》(JGJ 130—2011)、《建筑施工安全检查标准》(JGJ 59—2011) 等现行国家标准、规范的规定。

(2) 脚手架施工前，应根据情况编制专项施工方案，并按规定对脚手架结构构件、立杆地基承载力进行设计计算。方案中应包括脚手架立面、平面和剖面图，各构造节点详图和基础图。

(3) 作业层上的施工荷载应符合设计要求，不得超载。不得将模板支架、缆风绳、卸料平台、泵送混凝土和砂浆的输送管等固定在脚手架上；严禁悬挂起重设备。

(4) 立杆间距一般不大于 2.0m，立杆横距不大于 1.5m，连墙件不少于三步三跨，脚手架底层满铺一层固定的脚手板，作业层满铺脚手板，自作业层往下计，每隔 12m 需满铺一层脚手板。具体尺寸应符合规范规定或进行专项设计。纵向水平杆设置在立杆内侧，其长度不宜小于三跨。

(5) 当使用冲压钢脚手板、木脚手板、竹串片脚手板时，纵向水平杆应作为横向水平杆的支座，用直角扣件固定在立杆上。横向水平杆两端均应采用直角扣件固定在纵向水平杆上。

(6) 脚手架必须设置纵、横向扫地杆。纵向扫地杆应采用直角扣件固定在距底座上皮不大于 200mm 处的立杆上。横向扫地杆也应采用直角扣件固定在紧靠纵向扫地杆下方的立杆上；当立杆基础不在同一水平面上时，必须将高处的纵向扫地杆向低处延长两跨与立杆固定，高低差不应大于 1m。靠边坡上方的立杆轴线到边坡的距离不应小于 500mm。

（7）立杆顶端应高出女儿墙上口 1m，高出檐口上口 1.5m。

（8）双排脚手架应设剪刀撑与横向斜撑，剪刀撑的设置应符合规范要求。

（9）在封闭型脚手架的同一步中，纵向水平杆应四周交圈，用直角扣件与内外角部立杆固定。

（10）脚手架必须配合施工进度搭设，一次搭设高度不应超过相邻连墙件以上两步。

2. 其他构造要求

（1）纵向水平杆接长应采用对接，接长用对接扣件应交错布置：两根相邻纵向水平杆的接头不应设置在同步或同跨内；不同步或不同跨两个相邻接头在水平方向错开的距离不应小于 500mm。各接头中心至最近主节点的距离不宜大于纵距的 1/3。

（2）立杆接长除顶层顶步可采用搭接外，其余各层各步必须采用对接连接。立杆上的对接扣件应交错布置；两根相邻立杆的接头不应设置在同步内；与同步内隔一根立杆的两个相隔接头在高度方向错开的距离不宜小于 500mm；各接头中心至主节点的距离不宜大于步距的 1/3。

（3）连墙件宜靠近主节点设置，偏离主节点的距离不应大于 300mm；埋入混凝土深度不小于 200mm；应从底层第一步纵向水平杆处开始设置；一字形、开口形脚手架的两端必须设置连墙件，连墙件的垂直间距不应大于建筑物的层高，并不应大于4m（两步）。

（4）高度在24m以下的脚手架，宜采用刚性连墙件与建筑物可靠连接，也可采用拉筋和顶撑配合使用的柔性附墙连接方式。高度在24m以上的脚手架，必须采用刚性连墙件与建筑物可靠连接。

（5）连墙件中的连墙杆或拉筋宜呈水平设置，当不能水平设置时，与脚手架连接的一端应下斜连接，不应采用上斜连接。

（6）拆除脚手架时连墙件必须随脚手架逐层拆除，严禁先将连墙件整层或数层拆除后再拆除脚手架；分段拆除高差不应大于两步，如高差大于两步，应增设临时连墙件予以加固。

（8）一字形、开口形双排钢管扣件式脚手架的两端均必须设置横向斜撑。高度在24m以上的封闭型脚手架，除拐角应设置横向斜撑外，中间应每隔6跨设置一道。横向斜撑应在同一节间，由底至顶层呈之字形连续布置。

（9）高度在24m以下的脚手架，必须在外侧立面的两端各设置一道剪刀撑，并应由底至顶连续设置，中间各道剪刀撑之间的净距不应大于15m。高度在24m以上的剪刀撑应在外侧立面整个长度和高度上连续布置。

（10）多层建筑的脚手架，必须在首层四周固定一道3m宽的水平网（高层建筑支设6m宽双层网），网底距下方物体表面不得小于3m（高层建筑不小于5m）。高层建筑每隔12m宜随硬质斜挑防护棚设置一道3m宽的水平网。水平网与建筑物之间的缝隙不大于100mm，并且外沿高于内沿。楼层结构与外脚手架之间的空隙必须进行有效的封闭防护。

（11）双管立杆和单管立杆连接时，主立杆与副立杆采用旋转扣件连接，扣件数量不应少于两个。双管立杆中副立杆的高度不应低于3步，钢管长度不应小于6m。脚手架上部采用单管立杆的部分，高度应在30m以下。

（12）斜道宜附着外脚手架或建筑物设置。运料斜道宽度不宜小于1.5m，斜度宜采用1∶6。人行斜道宽度不宜小于1m，坡度宜采用1∶3。运料斜道两侧、平台外围和端部均应按脚手架要求设置连墙件。斜道的栏杆和脚手板均应设置在外立杆的内侧，其中上栏杆上皮高度应为1.2m，中栏杆应居中设置，挡脚板高度不应小于180mm。

（13）斜道脚手板宜采用横铺，应在横向水平杆下增设纵向斜杆，纵向支托间距不应大于500mm；若采用顺铺时，接头宜采用搭接，下面的板头应压住上面的板头，板头的凸棱处应采用三角木填顺。斜道的脚手板上应每隔250~300mm设置一道防滑装置。

（二）悬挑式脚手架

1. 一般规定

（1）悬挑脚手架的设计、制作、检查与验收等工作应遵守《建筑结构荷载规范》（GB 50009—2012）、《钢结构设计规范》（GB 50017—2003）、《混凝土结构设计规范》（GB 50010—2010）、《钢结构工程施工质量验收规范》（GB 50205—2012）、《建筑施工扣件式钢管脚手架安全技术规范》（JGJ 130—2011）、《建筑施工安全检查标准》（JGJ 59—2011）等现行国家标准、规范的规定。

（2）悬挑脚手架施工前，应根据情况编制专项施工方案，方案中应包括工程概况、设计计算书（包括对原结构的验算）、搭拆施工要点、检查方式和标准、安全和文明施工措施、材料及周转材料计划、劳动力安排计划、附图等内容。附图包括脚手架立面、平面和剖面图，悬挑承力结构构造详图和各构造节点详图。

（3）建筑施工采用悬挑脚手架时，应将脚手架沿建筑物高度方向分成若干独立段，每段分别搭设在能可靠地将脚手架荷载传递给主体结构的悬挑支撑结构上。每段悬挑脚手架系统的搭设高度应经过设计计算确定，并不得超过20m。

（4）每段悬挑脚手架系统的施工荷载：按照最多满铺四层脚手板，一层结构施工荷载或两层装修施工荷载考虑。

（5）型钢锚固位置设置在楼板上时，楼板的厚度不得小于120mm。型钢锚固的主体结构混凝土必须达到设计要求的强度，且不得小于C15。

（6）悬挑架体每隔12m应沿架体纵向通长搭设一道斜挑防护棚，其超出外架外边线的水平投影根据国家标准《高处作业分级》（GB/T 3608—2008）中可能坠落半径范围应为2～2.5m，斜挑防护棚上满铺架板并牢固固定，斜挑杆与水平面夹角为30°左右。

2. 其他构造要求

（1）悬挑脚手架架体的连墙件数量按照每两步三跨设置一道刚性连墙件，其余架体构造要求均按照落地脚手架的相应规定。

（2）悬挑脚手架与架体底部立杆应连接牢靠，不得滑动或窜动。架体底部应设双向扫地杆，扫地杆距悬挑梁顶面150～200mm；第一步架步距不得大于1.5m。

（3）脚手架外侧立面整个长度和高度上必须连续设置剪刀撑。

（4）型钢悬挑梁应采用 16 号以上规格的双轴对称截面型钢，结构外的悬挑段长度不宜大于 2m，在结构内的型钢长度应为悬挑长度的 1.5 倍以上。悬挑梁尾端应在两处以上使用 HPB300 级直径 16mm 以上的钢筋固定在钢筋混凝土结构上或由不少于两道的预埋 U 形螺栓固定。钢梁尾端钢筋拉环、U 形螺栓预埋位置宜为悬挑型钢尾端向里 200mm 处。

（5）架体结构在下列部位应有加强措施，加强措施按落地式脚手架门洞的相应规定进行处理。

①架体与外用电梯、物料提升机、卸料平台等设备或装置相交需要断开或开口处。②需要临时改架位置或其他特殊部位。

（6）将型钢穿过 HPB300 钢筋倒 U 形环，倒 U 形环钢筋预埋在当层梁板混凝土内，倒 U 形环两肢应与梁板底筋焊牢。如钢筋倒 U 形环处楼板无面层钢筋，则应在该处楼板靠上表面处增加一层 φ6 加强钢筋网片。

（7）采用双股钢芯钢丝绳穿过型钢悬挑端部进行分载，在型钢上钢丝绳穿越位置以及立杆底部位置预焊 φ25HPB300 短钢筋，以防止钢丝绳和钢管滑动或窜动。

（8）悬挑梁尾端应由不少于两道的预埋 U 形螺栓固定，U 形螺栓的直径不小于 20mm，钢梁尾端 U 形螺栓预埋位置宜为悬挑型钢尾端向里 200mm 处。U 形螺栓预埋至混凝土板、混凝土梁底部结构筋的下方，两根 1.5m 长直径 φ8 二级钢筋放置在 U 形筋上部且固定。

（9）架体底层的防护板必须满铺，铺设应牢靠、严实，并应在防护板下满铺密目安全网，上部架体自作业层脚手板往下每10m满铺一道脚手板。

二、门式脚手架工程安全技术

(一) 一般要求

（1）门式脚手架施工必须符合现行行业标准《建筑施工门式钢管脚手架安全技术规范》（JGJ 128—2010）的要求。

（2）门式脚手架在施工前应按规范的规定对门式钢管脚手架或模板支架结构件及地基承载力进行设计计算，并编制专项施工方案。门式脚手架的计算应包括：稳定性及架设高度；脚手架的强度和刚度；连墙件的强度、稳定性和连接强度。

（3）门式脚手架的搭设高度应满足设计计算条件。

（4）不同型号的门架与配件严禁混合使用。门式脚手架作业层严禁超载。

（5）门式脚手架的搭设场地必须平整坚硬，并应符合如下规定：回填土应分层回填，逐层夯实；场地排水应畅通，不应有积水。

（6）门式脚手架立杆离墙面净距不宜大于150mm，上下榀门架的组装必须设置连接棒及锁臂，内外两侧均应设置交叉支撑并与门架立杆上的锁销锁牢。

（7）门式脚手架的安装应自一端向另一端延伸，并逐层改变搭设方向，不得相对进行。交叉支撑、水平架或脚手板应紧随门架的安装及时设置；连接门架与配件的销臂、搭钩必须处于锁住状态。

（8）连墙件的安装必须随脚手架搭设同步进行，严禁滞后安装；当脚手架操作层高出相邻连墙件以上两步时，在连墙件安装完毕前必须采用确保脚手架稳定的临时拉结措施。

（9）严禁将模板支架、缆风绳、混凝土泵管、卸料平台等固定在门式脚手架上。

（10）在门式脚手架使用期间，脚手架基础附近严禁进行挖掘作业；门式脚手架的交叉支撑和加固杆，在施工期间严禁拆除。

（11）搭拆门式脚手架作业时，必须设置警戒线、警戒标志，并应派专人看守，非作业人员严禁入内。

（12）在门式脚手架上进行电、气焊作业时，必须有防火措施，并派专人看护。

（13）拆除作业必须符合下列规定。

①架体的拆除应从上而下逐层进行，严禁上下同时作业。同一层的构配件和加固杆件必须以先上后下、先外后内的顺序拆除。②连墙件必须随脚手架逐层拆除，严禁先将连墙件整层或数层拆除后再拆除架体。拆除作业过程中，当架体自由高度大于两步时，必须设置临时拉结。③连接门架的剪刀撑等加固杆件必须在拆卸该门架时拆除。

（二）门架附件要求

门架附件包括剪刀撑、水平加固杆、扫地杆及门架脚手。

1. 剪刀撑的设置

（1）当脚手架搭设高度在24m及以下时，在脚手架的转角处、两端及中间间距不超过15m的外侧立面必须各设置一道剪刀撑，并由底至顶连续设置。

（2）当脚手架搭设高度超过24m时，在脚手架全外侧立面上必须设置连续剪刀撑。

（3）对于悬挑脚手架，在脚手架外侧立面上必须设置连续剪刀撑。

2. 剪刀撑的构造

（1）剪刀撑斜杆与地面的倾角宜为 $45° \sim 60°$。

（2）剪刀撑应采用旋转扣件与门架立杆扣紧。

（3）剪刀撑斜杆应采用搭接接长，搭接长度不宜小于 $1m$，搭接处应采用 3 个及以上旋转扣件扣紧。

（4）每道剪刀撑的宽度不应大于 6 个跨度，且不应大于 $10m$；也不应小于四个跨距，且不应小于 $6m$。设置连续剪刀撑的斜杆水平间距宜为 $6 \sim 8m$。

3. 水平加固杆的构造

门式脚手架应在门架两侧的立杆上设置纵向水平加固杆，并采用扣件与门架立杆扣紧，水平加固杆设置应符合下列规定：

（1）在顶层、连墙件设置层必须设置。

（2）当脚手架每步铺设扣挂式脚手板时，应至少每四步设置一道，并宜在有连墙件的水平层设置。

（3）当脚手架搭设高度小于或等于 $40m$ 时，应至少每两步门架设置一道；当脚手架搭设高度大于 $40m$ 时，每步门架应设置一道。无论脚手架多高，均应在脚手架转角处、端部及间断处的一个跨距范围内每步一设。

（4）在脚手架的转角处、开口形脚手架端部的两个跨距内，每步门架应设置一道。

（5）悬挑脚手架每步门架应设置一道。

（6）在纵向水平加固杆设置层面上应连续设置。

4.扫地杆

门式脚手架的底层门架下端应设置纵、横向通长的扫地杆。纵向扫地杆应固定在距门架立杆底端不大于200mm处的门架立杆上，横向扫地杆宜固定在紧靠纵向扫地杆下方的门架立杆上。

5.门式脚手架

（1）门式脚手架通道口高度不宜大于两个门架高度，宽度不宜大于一个门架跨距。

（2）门式脚手架通道口应采取加固措施，并应符合下列规定。

①当通道口宽度为一个门架跨距时，在通道口上方的内外侧应设置水平加固杆，水平加固杆应延伸至通道口两侧各一个门架跨距，并在两个上角内外侧应加设斜撑杆。②当通道口宽为两个及以上跨距时，在通道口上方应设置经专门设计和制作的托架梁，并应加强两侧的门架立杆。作业人员上下脚手架的斜梯应采用挂扣式钢梯，并宜采用之字形设置，一个梯段宜跨越两步或三步门架再行转折；钢梯规格应与门架规格配套，并应与门架挂扣牢固；钢梯应设栏杆扶手、挡脚板。

三、吊篮施工安全技术

（1）吊篮操作人员必须身体健康，无高血压等疾病，经过培训和实习并取得合格证后，方可上岗操作，作业时严禁在吊篮中嬉戏、打闹。

（2）挑梁必须按设计规定与建筑结构固定牢固，挑梁挑出长度应保证悬挂吊篮的钢丝绳垂直地面，挑梁之间应用纵向水平杆连接成整体，挑梁与吊篮连接端应有防止钢丝绳滑脱的保护装置。

（3）安装屋面支承系统时，必须仔细检查各处连接件及紧固件是否牢固，检查悬挑梁的悬挑长度是否符合要求，检查配重码放位置以及配重是否符合出厂说明书中的有关规定。

（4）屋面支承系统安装完毕后，方可安装钢丝绳。安全钢丝绳在外侧，工作钢丝绳在里侧，两绳相距 150mm，钢丝绳应固定、卡紧，安全钢丝绳直径不得小于 13mm。

（5）吊篮组装完毕，经过检查后运入指定位置，然后接通电源试车，同时，由上部将工作钢丝绳分别插入提升机构及安全锁中，安全锁必须可靠固定在吊篮架体上，同时套在保险钢丝绳上。工作钢丝绳要在提升机运行中插入。接通电源时要注意相位，使吊篮能按正确方向升降。

（6）新购电动吊篮总装完毕后，应进行空载试运行 6～8h，待确定一切正常后，方可开始负荷运行。

（7）吊篮内侧距建筑物间隙为 0.1～0.2m，两个吊篮之间的间隙不得大于 0.2m，吊篮的最大长度不宜超过 8.0m，宽度为 0.8～1.0m，高度不宜超过两层。吊篮外侧端部防护栏杆高 1.5m，每边栏杆间距不大于 0.5m，挡脚板不低于 0.18m；吊篮内侧必须于 0.6m 和 1.2m 处各设防护栏杆一道，挡脚板不低于 0.18m。吊篮顶部必须设防护棚，外侧与两端用密目网封严，否则也容易导致安全事故的发生。

（8）吊篮内侧两端应装可伸缩的护墙轮等装置，使吊篮与建筑物在工作状态时能靠紧。吊篮较长时间停置一处时，应使用锚固器与建筑物拉结，需要移动时拆除。超过一层架高的吊篮要设爬梯，每层架的上下人孔要有盖板。

（9）吊篮脚手板必须与横向水平杆绑牢或卡牢固，不得有松动或探头板。

（10）吊篮上携带的材料和施工机具应安置妥当，不得使吊篮倾斜或超载。遇有雷雨天气或风力超过五级时，不得登吊篮操作。

（11）当吊篮停置于空中时，应将安全锁锁紧，需要移动时，再将安全锁放松，安全锁累计使用1000h必须进行定期检验和重新校正。

（12）电动吊篮在运行中如发生异常响声和故障，必须立即停机检查，故障未经彻底排除，不得继续使用。

（13）如必须利用吊篮进行电焊作业，应对吊篮钢丝绳进行全面防护，不得利用钢丝绳作为导电体。

（14）在吊篮下降着地前，应在地面垫好方木，以免损坏吊篮底脚轮。

（15）每班作业前应做以下例行检查。

①检查屋面支承系统、钢结构、配重、工作钢丝绳及安全钢丝绳的技术状况，有不符合规定者，应立即纠正。②检查吊篮的机械设备及电气设备，确保其正常工作，并有可靠的接地设施。③开动吊篮反复进行升降，检查起升机构、安全锁、限位器、制动器及电机工作情况，确认正常后方可正式运行。④清扫吊篮中的尘土、垃圾、积雪和冰碴。

（16）每班作业后，应做好以下收尾工作。

①将吊篮内的垃圾杂物清扫干净，将吊篮悬挂于离地面3m处，撤去上下梯。②使吊篮与建筑物拉紧，以防止大风骤

起，刮坏吊篮和墙面。③切断电源，将多余的电缆及钢丝绳存放在吊篮内。

第五节　高处作业、临边作业及洞口作业安全技术

一、高处作业安全技术

凡在坠落高度基准面2m以上（含2m）有可能坠落的高处进行的作业均称为高处作业。其含义有两个：一是相对概念，可能坠落的地面高度大于或等于2m，就是说不论在单层、多层或高层建筑物作业，即使是在平地，只要作业处的侧面有可能导致人员坠落的坑、井、洞或空间，其高度达到2m及以上，就属于高处作业；二是高低差距标准定为2m，因为一般情况下，当人在2m以上的高度坠落时，就很可能会造成重伤、残疾，甚至死亡。

二、临边作业安全技术

在建筑工程施工中，施工人员大部分时间处在未完成的建筑物的各层各部位或构件的边缘处作业。临边的安全施工一般须注意3个问题。

（1）临边处在施工过程中是极易发生坠落事故的场合。

（2）必须明确哪些场合属于规定的临边，这些地方不得

缺少安全防护设施。

（3）必须严格遵守防护规定。

如果忽视上述问题就容易出现安全事故。

三、洞口作业安全技术

施工现场在建筑工程上往往存在着各式各样的洞口，在洞口旁的作业称为洞口作业。在水平方向的楼面、屋面、平台等上面短边小于25cm（大于2.5cm）的称为孔，必须覆盖，等于或大于25cm的称为洞；在垂直于楼面、地面的垂直面上，高度小于75cm的称为孔，高度等于或大于75cm、宽度大于45cm的均称为洞。凡深度在2m及2m以上的桩孔、人孔、沟槽与管道等孔洞边沿上的高处作业都属于洞口作业范围。如因特殊工序需要而产生使人与物有坠落危险及危及人身安全的各种洞口，都应该按洞口作业加以防护，否则就会造成安全事故。

第九章　安全文明施工

第一节　安全文明施工总体要求

（1）施工现场要进行封闭式管理，四周设置围挡。围挡、安全门应经过设计计算，必须满足强度、刚度、稳定性要求。设置门卫室，对施工人员实行胸卡式管理，外来人员登记进入。

（2）施工现场大门处、道路、作业区、办公室、生活区地面要硬化处理，道路要通畅并能满足运输与消防要求。各区域地面要设排水和集水井，不允许有跑、冒、滴、漏与大面积积水现象。

（3）施工区与生活区、办公区要使用围挡进行隔离，出入口设置制式门和标志。

（4）现场大门处设置车辆清污设施，驶出现场车辆必须进行清污处理。

（5）施工现场在明显处设置"六牌两图与两栏一报"。在施工现场入口处及危险部位，应根据危险部位的性质设置相应的安全警示标志。

（6）建筑材料、构件、料具、机械、设备，要按施工现场总平面布置图的要求设置，材料要分类码放整齐，明显部位设置材料标志牌。

（7）按环保要求设置卷扬机、搅拌机、散装水泥罐的防护棚，防护棚要根据对环境的污染情况，具备防噪声、防扬尘功能。

（8）施工现场要设置集中垃圾场，办公区、生活区要设置封闭式生活垃圾箱。建筑垃圾与生活垃圾要分类堆放并及时清运，建筑垃圾要覆盖处理，生活垃圾要封闭处理。

（9）季节性施工现场绿化：场地较大时要栽种花草，场地较小时要摆设花篮、花盆，绿化美化施工环境。教育职工爱护花草树木，给职工创造一个优美、整洁、卫生、轻松的生活、工作环境。

（10）严禁在施工现场熔融沥青、焚烧垃圾。

第二节　施工现场场容管理

一、现场场容管理

（一）施工现场的平面布置与划分

施工现场的平面布置图是施工组织设计的重要组成部分，必须科学合理地划分，绘制出施工现场平面布置图，在施工实施阶段按照总平面图要求，设置道路、组织排水、搭建临时设施、堆放物料和设置机械设备等。

施工现场按照功能可划分为施工作业区、辅助作业区、材料堆放区和办公生活区。施工现场的办公生活区应当与作业区分开设置，并保持安全距离。办公生活区应当设置于在建建筑坠落半径以外，与作业区之间设置防护措施，进行明显的划分隔离，以免人员误入危险区域；办公生活区如果设置在建筑物坠落半径之内时，必须采取可靠的防砸措施。功能区的规划设置还应考虑交通、水电、消防和卫生、环保等因素。

(二) 场容场貌

1. 施工场地

①施工现场的场地应当平整，无坑洼和凹凸不平，雨季不积水，暖季应适当绿化。②施工现场应具有良好的排水系统，设置排水沟及沉淀池，不应有跑、冒、滴、漏等现象，现场废水不得直接排入市政污水管网和河流。③现场存放的油料、化学溶剂等应设有专门的库房，地面应进行防漏处理。④地面应当经常洒水，对粉尘源进行覆盖遮挡。⑤施工现场应设置密闭式垃圾站，建筑垃圾、生活垃圾应分类存放，并及时清运出场。⑥建筑物内外的零散碎料和垃圾渣土应及时清理。⑦楼梯踏步、休息平台、阳台等处不得堆放料具和杂物。⑧建筑物内施工垃圾的清运必须采用相应容器或管道运输，严禁凌空抛掷。⑨施工现场严禁焚烧各类垃圾及有毒物质。⑩禁止将有毒、有害废弃物用作土方回填。

2. 道路

①施工现场的道路应畅通，应当有循环干道，满足运输、消防要求。②主干道应当平整坚实，且有排水措施，硬化材料可以采用混凝土、预制块或用石屑、焦渣、砂土等压实整平，保证不沉陷、不扬尘，防止泥土带入市政道路。③道路应当中间起拱，两侧设排水设施，主干道宽度不宜小于

3.5m，载重汽车转弯半径不宜小于15m，如因条件限制，应当采取措施。④主要道路与现场的材料、构件、仓库等料场、吊车位置相协调配合。⑤施工现场主要道路应尽可能利用永久性道路，或先建好永久性道路的路基，在土建工程结束之前再铺路面。

3. 现场围挡

①施工现场必须设置封闭围挡，围挡高度不得低于1.8m，其中地级市区主要路段和市容景观道路及机场、码头、车站广场的工地围挡的高度不得低于2.5m。②围挡须沿施工现场四周连续设置，不得留有缺口，做到坚固、平直、整洁、美观。③围挡应采取砌体、金属板材等硬质材料，禁止使用彩带布、竹笆、石棉瓦、安全网等易变形材料。④围挡应根据施工场地地质、周围环境、气象、材料等进行设计，确保围挡的稳定性、安全性。围挡禁止用于挡土、承重，禁止依靠围挡堆放物料、器具等。⑤砌筑围墙厚度不得小于180mm，应砌筑基础大放脚和墙柱，基础大放脚埋地深度不小于500mm（在混凝土或沥青路上有坚实基础的除外），墙柱间距不大于4m，墙顶应做压顶。墙面应采用砂浆抹面、涂料刷白。⑥板材围挡底里侧应砌筑300mm高、不小于180mm的厚砖墙护脚，外立压型钢板或镀锌钢板通过钢立柱与地面可靠固定，并刷上与周围环境协调的油漆和图案。围挡应横不留隙、竖不留缝，底部用直角扣牢。⑦施工现场设置的防护杆应牢固、整齐、美观，并应涂上红白或黄黑相间警戒油漆。⑧雨后、大风后以及春融季节应当检查围挡的稳定性，发现问题及时处理。

4.封闭管理

①施工现场应有一个以上的固定出入口，出入口应设置大门，门高度不得低于2m。②大门应庄重美观，门扇应做成密闭不透式，主门口应立柱，门头设置企业标志。③大门处应设门卫室，实行人员出入登记和门卫人员交接班制度，禁止无关人员进入施工现场。④施工现场人员均应佩戴证明其身份的证卡，管理人员和施工作业人员应戴（穿）分颜色区别的安全帽（工作服）。

5.临建设施

施工现场的临时设施较多，这里主要指施工期间临时搭建、租赁的各种房屋临时设施。临时设施必须合理选址、正确用材，确保使用功能和安全、卫生、环保、消防要求。临时设施的种类主要有办公设施、生活设施、生产设施、辅助设施，包括道路、现场排水设施、围墙、大门、供水处、吸烟处。临时房屋的结构类型可采用活动式临时房屋，如钢骨架活动房屋、彩钢板房；固定式临时房屋，主要为砖木结构、砖石结构和砖混结构。

（1）临时设施的选址。

办公生活临时设施的选址首先应考虑与作业区相隔离，保持安全距离，其次位置的周边环境必须具有安全性，例如不得设置在高压线下，也不得设置在沟边、崖边、河流边、强风口处、高墙下以及滑坡、泥石流等灾害地质带上和山洪可能冲击到的区域。

安全距离是指在施工坠落半径和高压线防电距离之外。建筑物高度2~5m，坠落半径为2m；高度30m，坠落半径为5m（如因条件限制，办公和生活区设置在坠落半径区域内，则必须有防护措施）。1kv 以下裸露输电线，安全距离为 4m；330～550kv，安全距离为 15m（最外线的投影距离）。

（2）临时设施的布置方式。

①生活性临时房屋布置在工地现场以外，生产性临时设施按照生产的需要在工地选择适当的位置，行政管理的办公室等应靠近工地或是工地现场出入口。②生活性临时房屋设在工地现场以内时，一般布置在现场的四周或集中于一侧。③生产性临时房屋，如混凝土搅拌站、钢筋加工厂、木材加工厂等，应全面分析比较确定位置。

（3）临时设施搭设的一般要求。

①施工现场的办公区、生活区和施工区须分开设置，并采取有效隔离防护措施，保持安全距离；办公区、生活区的选址应符合安全性要求。尚未竣工的建筑物内禁止用于办公或设置员工宿舍。②施工现场临时用房应进行必要的结构计算，符合安全使用要求，所用材料应满足卫生、环保和消防要求。宜采用轻钢结构拼装活动板房，或使用砌体材料砌筑，搭建层数不得超过二层。严禁使用竹棚、油毡、石棉瓦等柔性材料搭建。装配式活动房屋应具有产品合格证，应符合国家和本省的相关规定。③临时用房应具备良好的防潮、防台风、通风、采光、保温、隔热等性能。室内净高不得低于 2.6m，墙壁应用砂浆抹面刷白，顶棚应抹灰刷白或吊顶，办公室、宿舍、食堂等窗地面积比不应小于 1：8，厕所、淋浴间窗地面积比不应小于 1：10。④临时设施内应按《施工现场临时用电安全技术规范》（JGJ46）的要求架设用电线路，配线必须采用绝缘导线或电缆，应根据配线类型采用瓷瓶、瓷夹、嵌绝缘槽、穿管或钢索敷设，过墙处穿管保护，非埋

地明敷干线距地面保护、短路保护，距地面不得少于2.5m，低于2.5m的必须采取穿管保护措施，室内配线必须有漏电保护、短路保护和过载保护，用电应达到"三级配电两级保护"，未使用安全电压的灯具距地高度应不低于2.4m。⑤生活区和施工区应设置饮水桶，供应符合卫生要求的饮用水，饮水器具应定期消毒。饮水桶应加盖、上锁、有标志，并由专人负责管理。

二、临时设施的搭设与使用管理

(一) 办公室

办公室应建立卫生值日制度，保持卫生整洁、明亮美观，文件、图纸、用品、图表摆放整齐。

(二) 职工宿舍

(1) 不得在尚未竣工建筑物内设置员工集体宿舍。

(2) 宿舍应当选择在通风、干燥的位置，防止雨水、污水流入。

(3) 宿舍在炎热季节应有防暑降温和防蚊虫叮咬措施，设置有盖垃圾桶，保持卫生清洁。房屋周围道路平整，排水沟涵畅通。

(4) 宿舍必须设置可开启式窗户，设置外开门。

(5) 宿舍内必须保证有必要的生活空间，室内净高不得小于2.4m，通道宽度不得小于0.9m，每间宿舍居住人员不应超过16人。

(6) 宿舍内的单人铺不得超过2层，严禁使用通铺，床铺应高于地面0.3m，人均床铺面积不得小于1.9m×0.9m，床铺间距不得小于 0.3m。

（7）宿舍内应设置生活用品专柜，有条件的宿舍宜设置生活用品储藏室；宿舍内严禁存放施工材料、施工机具和其他杂物。

（8）宿舍周围应当搞好环境卫生，应设置垃圾桶、鞋柜或鞋架，生活区内应为作业人员提供晒衣物的场地，房屋外应道路平整，晚间有充足的照明。

（9）寒冷地区冬季宿舍应有保暖措施、防煤气中毒措施，火炉应当统一设置、管理。

（10）应当制订宿舍管理使用责任制，轮流负责卫生和使用管理或安排专人管理。

（11）宿舍区内严禁私拉乱接电线，严禁使用电炉、电饭煲、热得快等大功率设备和使用明火。

（三）食堂

（1）食堂应当选择在通风、干燥的位置，防止雨水、污水流入，应当保持环境卫生，远离厕所、垃圾站、有毒有害场所等有污染源的地方，装修材料必须符合环保、消防要求。

（2）食堂应设置独立的制作间、储藏间。

（3）食堂应配备必要的排风设施和冷藏设施，安装纱门窗，室内不得有蚊蝇，门下方应设不低于 0.2m 的防鼠挡板。

（4）食堂的燃气罐应单独设置存放间，存放间应通风良好并严禁存放其他物品。

（5）食堂制作间灶台及其周边应贴瓷砖，瓷砖的高度不宜小于 1.5m。地面应做硬化和防滑处理，按规定设置污水排放设施。

（6）食堂制作间的刀、盆、案板等炊具必须生熟分开，食品必须有遮盖，遮盖物品应有正反面标识，饮具宜放在封闭的橱柜内。

（7）食堂内应有存放各种作料和副食的密闭器皿，并应有标识，粮食存放台阶距墙和地面应大于0.2m。

（8）食堂外应设置密闭式潲水桶，并应及时清运，保持清洁。

（9）应当制订并在食堂张挂食堂卫生责任制，责任落实到人，并加强管理。

（四）厕所

（1）厕所大小应根据施工现场作业人员的数量设置。

（2）高层建筑施工8层以后，每隔4层宜设置临时厕所。

（3）施工现场应设置水冲式或移动式厕所，厕所地面应硬化，门窗齐全。蹲坑间宜设置隔板，隔板高度不宜低于0.9m。

（4）厕所应设置三级化粪池，化粪池必须进行抗渗处理，污水通过化粪池后方可接入市政污水管线。

（5）厕所应设置洗手盆，厕所的进出口处应设有明显标志。

（6）厕所卫生应有专人负责清扫、消毒，化粪池应及时清淘。

（五）淋浴间

（1）施工现场应设置男女淋浴间与更衣间，淋浴间地面应做防滑处理，淋浴喷头数量应按不少于住宿人员数量的5%设置，排水、通风良好，寒冷季节应供应热水。更衣间应与淋浴间隔离，设置挂衣架、橱柜等。

（2）淋浴间照明器具应采用防水灯头、防水开关，并设置漏电保护装置。

(3) 淋浴室应由专人管理，经常清理，保持清洁。

(六) 料具管理

料具是材料和周转材料的统称。材料的种类繁多，按其堆放的方式分为露天堆放、库棚存放，露天堆放的材料又分为散料、袋装料和块料；库棚存放的材料又分为单一材料库和混用库。施工现场料具存放的规范化、标准化，是促进场容场貌的科学管理和现场文明施工的一个重要方面。

料具管理应符合下列要求：

(1) 施工现场外临时存放施工材料，必须经有关部门批准，并应按规定办理临时占地手续。

(2) 建设工程现场施工材料(包括料具和构配件)必须严格按照平面图确定的场地码放，并设立标志牌。材料码放整齐，不得妨碍交通和影响市容，堆放散料时应进行围挡，围挡高度不得低于 0.5m。

(3) 施工现场各种料具应分规格码放整齐、稳固，做到一头齐、一条线。砖应成丁、成行，高度不得超过 1.5m；砌块材码放高度不得超过 1.8m；砂、石和其他散料应成堆，界限清楚，不得混杂。

(4) 预制圆孔板、大楼板、外墙板等大型构件和大模板存放时，场地应平整夯实，有排水措施，并设 1.2m 高的围栏进行防护。

(5) 施工大模板需要搭插放架时，插放架的两个侧面必须做剪刀撑。清扫模板或刷隔离剂时，必须将模板支撑牢固，两模板之间有不少于 60cm 的走道。

(6) 施工现场的材料保管，应依据材料性能采取必要的防雨、防潮、防晒、防冻、防火、防爆、防损坏等措施。贵重物品、易燃、易爆和有毒物品应及时入库，专库专管，加设明显标志，并建立严格的领退料手续。

（7）施工中使用的易燃易爆材料，严禁在结构内部存放，并严格以当日的需求量发放。

（8）施工现场应有用料计划，按计划进料，使材料不积压，减少退料。同时做到钢材、木材等料具合理使用，长料不短用，优材不劣用。

（9）材料进、出现场应有查验制度和必要手续。现场用料应实行限额领料，领退料手续齐全。

（10）施工现场剩余料具、包括容器应及时回收，堆放整齐并及时清退。水泥库内外散落灰必须及时清用，水泥袋认真打包、回收。

（11）砖、砂、石和其他散料应随用随清，不留料底。工人操作应做到"活完料净脚下清"。

（12）搅拌机四周、拌料处及施工现场内无废弃砂浆和混凝土。运输道路和操作面落地料及时清用。砂浆、混凝土倒运时，应用容器或铺垫板。浇筑混凝土时，应采取防撒落措施。

（13）施工现场应设垃圾站，及时集中分拣、回收、利用、清运。垃圾清运出现场必须到批准的消纳场地倾倒，严禁乱倒乱卸。

第三节 施工现场环境卫生与文明施工

一、施工现场饮水卫生

（1）现场应当有合格的可供食用的水源（如自来水）。无自来水要打集水井的，集水井应距离厕所、河道30m以上，集水井应落实专人消毒，集水井要加盖，用水泵等机具抽入水塔或者高位水箱，处理后才可使用。不准直接饮用河水。

（2）生活区应当设置开水炉、电热水器或者饮用水保温桶。施工区应配备流动保温水桶。水桶应加盖加锁，并配备茶具与消毒设备。

二、施工现场卫生保洁工作

（1）施工组织设计中应当有防止大气、水土、噪声污染与改善环境卫生的有效措施。

（2）施工现场必须建立环境保护、环境卫生管理与检查制度，并做好检查记录。

（3）对施工现场作业人员的教育培训、考核应当包括环境保护、环境卫生有关法律法规的内容。

（4）施工现场应当设专职或兼职保洁员，负责卫生清扫与保洁。办公、生活区应当设密闭式垃圾容器。办公室内布局应合理，文件资料宜归类存放，并且应保持室内清洁卫生。

办公区与生活区应采取灭鼠、蚊、蝇、蟑螂等措施，并应定期投放和喷洒药物。

（5）施工企业应当结合季节特点，做好作业人员的饮食卫生及防暑降温、防寒保暖、防煤气中毒、防疫等工作。

三、施工现场保健急救工作

（1）相对集中的工地应当设置医务室，配备经培训的医务人员。无医务室的应当配备急救医药箱。施工现场应当配备常用药及绷带、止血带、颈托、担架等急救器材。

（2）施工企业应当采取有效的职业病防护措施，为作业人员提供必备的防护用品。对从事有职业病危害作业的人员应当定期进行体检和培训。

（3）施工现场作业人员发生法定传染病、食物中毒或者急性职业中毒时，必须在 2h 内向施工现场所在地建设行政主管部门与有关部门报告，并应积极配合调查处理。

（4）现场施工人员患有法定传染病时，应当及时进行隔离，并交由防疫部门进行处置。

（5）施工企业应当根据法律、法规的规定，制订施工现场的公共卫生突发事件应急预案。

四、施工现场文明施工

（1）工地主要入口要设置简朴规整的大门，门旁必须设立明显的标牌，标明工程名称、施工单位和工程负责人姓名等内容。

（2）施工现场建立文明施工责任制，划分区域，明确管理负责人，实行挂牌制。

（3）施工现场场地平整，道路坚实畅通，有排水措施，地下管道施工完后要及时回填平整，清除积土。

（4）现场施工临时水电要有专人管理，不得有长流水、长明灯。

（5）施工现场的临时设施，要严格按施工组织设计确定的施工平面图布置、搭设或埋设整齐。

（6）工人操作地点和周围必须清洁整齐，做到活完脚下清、工完场地清，丢洒在楼梯、楼板上的砂浆混凝土要及时清除，落地灰要回收过筛后使用。

（7）砂浆、混凝土在搅拌、运输、使用过程中要做到不洒、不漏、不剩，砂浆、混凝土必须有容器或垫板，如有洒、漏要及时清理。

（8）要有严格的成品保护措施，严禁损坏污染成品，堵塞管道。严禁在建筑物内大小便。

（9）建筑物内清除的垃圾渣土，要通过临时搭设的竖井、利用电梯井或采取其他措施稳妥下卸，严禁从门窗口向外抛掷。

（10）施工现场不准乱堆垃圾。应在适当地点设置临时堆放点，并定期外运。清运渣土垃圾及流体物品，要采取遮盖防漏措施，运送途中不得遗撒。

（11）根据工程性质和所在地区的不同情况，采取必要的围护和遮挡措施，并保持外观整洁。

（12）根据施工现场情况设置宣传标语和黑板报，并适时更换内容，切实起到表扬先进、激励后进的作用。

（13）施工现场严禁居住家属，严禁居民、家属、小孩在施工现场穿行、玩耍。

（14）现场使用的机械设备，要按平面布置规划固定点存放，遵守机械安全规程，经常保持机身及周围环境的清洁，机械的标记、编号明显，安全装置可靠。

（15）清洗机械排出的污水要有排放措施，不得随地流淌。

（16）在用的搅拌机、砂浆机旁必须设有沉淀池，不得将水直接排放下水道及河流等处。

（17）塔吊轨道按规定铺设整齐稳固，塔边要封闭，道砟不外溢，路基内外排水畅通。

（18）施工现场应建立不扰民措施，针对施工特点设置防尘和防噪声设施，夜间施工必须有当地主管部门的批准。

五、施工现场社区服务问题

（1）施工现场应按照现行国家标准《建筑施工场界环境噪声排放标准》（GB 12523—2011）制订降噪措施，并且可由施工企业自行对施工现场的噪声值进行监测与记录。

（2）施工现场的强噪声设备宜设置于远离居民区一侧，并应采用降噪措施，可以采用隔声吸声材料、使用低噪声设备。

（3）对因生产工艺要求或者其他特殊需要，确需在夜间进行超过噪声标准施工的，施工之前建设单位应向有关部门提出申请，经批准后方可进行夜间施工，还应张挂安民告示牌。夜间施工通常指当日22时至次日6时（特殊地区可以由当地政府部门另行制订）。

（4）夜间运输材料的车辆进入施工现场时，严禁鸣笛，装卸材料应当做到轻拿轻放。

（5）严禁在施工现场外草坪、绿地、道路与树林旁堆放物料，搭建临时设施及施工作业。

（6）施工期间应当与所在辖区合作，开展共建文明活动，切实落实各类施工不扰民措施。

六、施工场地治安综合治理工作

（1）应当有综合治理组织机构与治安保卫制度，签订治安管理责任书，责任分解到人。

（2）落实治安防范措施，杜绝失窃偷盗、斗殴赌博等违法乱纪事件。

（3）施工单位与施工现场的外包队伍应签订治安综合治理协议书，加强法制教育。施工人员应当遵守职业道德和社会公德。

（4）生活区应当为职工设置学习娱乐场所。文体活动室应配备电视机、书报、杂志等文体活动设施及用品。

（5）施工现场要有安全生产宣传栏、读报栏、黑板报，生活区内应当设置环境卫生宣传标牌。宣传教育用字需规范，不能使用繁体字及不规范的语句。

第四节　施工现场消防安全管理

一、消防安全要求总平面布局

（一）基本要求

（1）临时用房、临时设施的布置应满足现场防火、灭火及人员安全疏散的要求。

（2）下列临时用房和临时设施应纳入施工现场总平面布局：

①施工现场的出入口、围墙、围挡。

②场内临时道路。

③给水管网或管路和配电线路敷设或架设的走向、高度。

④施工现场办公用房、宿舍、发电机房、变配电房、可燃材料库房、易燃易爆危险品库房，可燃材料堆放及其加工场、固定动火作业场等。

⑤临时消防车道、消防救援场地和消防水源。

（3）施工现场出入口的设置应满足消防车通行的要求，并宜布置在不同方向，其数量不宜少于2个，当确有困难只能设置1个出入口时，应在施工现场内设置满足消防车通行的环形道路。

（4）施工现场临时办公、生活、生产、物料存储等功能区宜相对独立布置，防火间距应符合规范规定。

（5）固定动火作业场应布置在可燃材料堆场及其加工场、易燃易爆危险物品库房等全年最小频率风向的上峰侧。

（6）易燃易爆危险品库房应远离明火作业区、人员密集区和建筑物相对集中区。

（7）可燃材料堆场及其加工场、易燃易爆危险品库房不应布置在架空电力线下。

（二）防火间距

（1）易燃易爆危险品库房与在建工程的防火间距不应小于15m，可燃材料堆场及其加工场、固定动火作业场与在建工程的防火间距不应小于10m，其他临时用房、临时设施与在建工程的防火间距不应小于6m。

（2）施工现场主要临时用房、临时设施的防火间距不应小于相关规定，当办公用房、宿舍成组布置时，其防火间距可适当减小，但应符合下列规定：

①每组临时用房的栋数不应超过10栋，组与组之间的防火间距不应小于8m。

②组内临时用房之间的防火间距不应小于3.5m，当建筑构件燃烧性能等级为A级时，其防火间距可减少到3m。

（三）消防车道

（1）施工现场内应设置临时消防车道，临时消防车道与在建工程、临时用房、可燃材料堆场及其加工场的距离不宜小于5m，且不宜大于40m；施工现场周边道路满足消防车通行及灭火救援要求时，施工现场内可不设置临时消防车道。

（2）临时消防车道的设置应符合下列规定：

①临时消防车道宜为环形，设置环形车道确有困难时，应在消防车道尽端设置尺寸不小于12m×12m的回车场。

②临时消防车道的净宽度和净高度均不应小于 4m。

③临时消防车道的右侧应设置消防车行进路线指示标识。

④临时消防车道路基、路面及其下部设施应能承受消防车通行压力及工作荷载。

（3）下列建筑应设置环形临时消防车道，设置环形临时消防车道确有困难时，除应设置回车场外，尚应设置临时消防救援场地：

①建筑高度大于 24m 的在建工程。

②建筑工程单体占地面积大于 3000 ㎡的在建工程。

③超过 10 栋且成组布置的临时用房。

（4）临时消防救援场地的设置应符合下列规定：

①临时消防救援场地应在在建工程装饰装修阶段设置。

②临时消防救援场地应设置在成组布置的临时用房场地的长边一侧及在建工程的长边一侧。

③临时救援场地宽度应满足消防车正常操作要求，且不应小于 6m，与在建工程外脚手架的净距不宜小于 2m，且不宜超过 6m。

二、施工现场建筑防火

（一）临时用房防火

（1）宿舍、办公用房的防火设计应符合下列规定：

①建筑构件的燃烧性能等级为 A 级。当采用金属夹芯板材时，其芯材的燃烧性能等级应为 A 级。②建筑层数不应超过 3 层，每层建筑面积不应大于 300m²。③建筑层数为 3 层

或每层建筑面积大于200m²时，应设置至少2部疏散楼梯，房间疏散门至疏散楼梯的最大距离不应大于25m。④单面布置用房时，疏散走道的净宽度不应小于1.0m；双面布置用房时，疏散走道的净宽度不应小于1.5m。⑤疏散楼梯的净宽度不应小于疏散走道的净宽度。⑥宿舍房间的建筑面积不应大于30m²，其他房间的建筑面积不宜大于100m²。⑦房间内任一点至最近疏散门的距离不应大于15m，房门的净宽度不应小于0.8m；房间建筑面积超过50m²时，房门的净宽度不应小于1.2m。⑧隔墙应从楼地面基层隔断至顶板基层底面。

（2）发电机房、变配电房、厨房操作间、锅炉房、可燃材料库房及易燃易爆危险品库房的防火设计应符合下列规定：

①建筑构件的燃烧性能等级应为A级。②层数应为1层，建筑面积不应大于200m²。③可燃材料库房单个房间的建筑面积不应超过30m²，易燃易爆危险品库房单个房间的建筑面积不应超过20m²。④房间内任一点至最近疏散门的距离不应大于10m，房门的净宽度不应小于0.8m。

（3）其他防火设计应符合下列规定：

①宿舍、办公用房不应与厨房操作间、锅炉房、变配电房等组合建造。②会议室、文化娱乐室等人员密集的房间应设置在临时用房的第一层，其疏散门应向疏散方向开启。

（二）在建工程防火

（1）在建工程作业场所的临时疏散通道应采用不燃、难燃材料建造，并应与在建工程结构施工同步设置，也可利用在建工程施工完毕的水平结构、楼梯。

（2）在建工程作业场所临时疏散通道的设置应符合下列

规定:

①耐火极限不应低于0.5h。②设置在地面上的临时疏散通道,其净宽度不应小于1.5m;利用在建工程施工完毕的水平结构、楼梯做临时疏散通道时,其净宽度不宜小于1.0m;用于疏散的爬梯及设置在脚手架上的临时疏散通道,其净宽度不应小于0.6m。③临时疏散通道为坡道,且坡度大于25°时,应修建楼梯或台阶踏步或设置防滑条。④临时疏散通道不宜采用爬梯,确需采用时,应采取可靠固定措施。⑤临时疏散通道的侧面为临空面时,应沿临空面设置高度不小于1.2m的防护栏杆。⑥临时疏散通道设置在脚手架上时,脚手架应采用不燃材料搭设。⑦临时疏散通道应设置明显的疏散指示标志。⑧临时疏散通道应设置照明设施。

(3) 既有建筑进行扩建、改建施工时,必须明确划分施工区和非施工区。施工区不得营业、使用和居住;非施工区继续营业、使用和居住时,应符合下列规定:

①施工区和非施工区之间应采用不开设门、窗、洞口的耐火极限不低于3.0h的不燃烧体隔墙进行防火分隔。②非施工区内的消防设施应完好和有效,疏散通道应保持畅通,并应落实日常值班及消防安全管理制度。③施工区的消防安全应配有专人值守,发生火情应能立即处置。④施工单位应向居住和使用者进行消防宣传教育,告知建筑消防设施、疏散通道的位置及使用方法,同时应组织疏散演练。

(4) 外脚手架、支模架的架体宜采用不燃或难燃材料搭设,下列工程的外脚手架、支模架的架体应采用不燃材料搭设:

①高层建筑。②既有建筑改造工程。

（5）下列安全防护网应采用阻燃型安全防护网：

①高层建筑外脚手架的安全防护网。②既有建筑外墙改造时，其外脚手架的安全防护网。③临时疏散通道的安全防护网。

（6）作业场所应设置明显的疏散指示标志，其指示方向应指向最近的临时疏散通道入口。

（7）作业层的醒目位置应设置安全疏散示意图。

三、临时消防设施

（一）基本要求

（1）施工现场应设置灭火器、临时消防给水系统和应急照明等临时消防设施。

（2）临时消防设施应与在建工程的施工同步设置。房屋建筑工程中，临时消防设施的设置与在建工程主体结构施工进度的差距不应超过3层。

（3）在建工程可利用已具备使用条件的永久性消防设施作为临时消防设施。当永久性消防设施无法满足使用要求时，应增设临时消防设施，并应符合有关规定。

（4）施工现场的消火栓泵应采用消防配电线路，专用消防配电线路应自施工现场总配电箱的总断路器上端接入，且应保持不间断供电。

（5）地下工程的施工作业场所宜配备防毒面具。

（6）临时消防给水系统的储水池、消火栓泵、室内消防竖管及水泵接合器等应设置醒目标识。

（二）灭火器

（1）一般临时设施区域内，每100m²应配备2只10L灭火器。

（2）临时木工间、油漆间，木、机具间等每25m²配备一支种类合适的灭火器，油库、危险品仓库应配备足够数量、种类合适的灭火器。

（3）仓库或堆料场内，应根据灭火对象的特征，分组布置酸碱、泡沫、清水、二氧化碳等灭火器，每组灭火器不应少于4个，每组灭火器之间的距离不应大于30m。

（4）大型临时设施总面积超过1200m²时，应备有专供消防用的积水池、黄砂池等器材、设施，上述设施周围不得堆放物品，并留有消防车道。

（三）临时消防给水系统

1. 临时室外消防给水系统

临时用房建筑面积之和大于1000m²或在建工程单体体积大于10000m³时，应设置临时室外消防给水系统。当施工现场处于市政消火栓150m保护范围内，且市政消火栓的数量满足室外消防用水量要求时，可不设置临时室外消防给水系统。临时室外消防给水系统应符合下列规定：

①临时室外消防给水管网宜布置成环状，给水干管的管径，应根据施工现场临时消防用水量和干管内水流速度计算确定，且不应小于DN100。②室外消火栓应沿在建工程、临时用房和可燃材料堆场及其加工场均匀布置，与在建工程、临时用房和可燃材料堆场及其加工场的外边线的距离不应小于5m。③消火栓的间距不应大于120m，消火栓的最大保护半径不应大于150m。④采用低压给水系统，管道内的压力在

消防用水量达到最大时，不应低于0.1MPa；采用高压给水系统，管道内的压力应保证两支水枪同时布置在堆场内最远和最高处的要求，水枪充实水柱不小于13m，每支水枪的流量不应小于5L/s。

2. 临时室内消防给水系统

建筑高度大于24m或单体体积超过30000m³的在建工程，应设置临时室内消防给水系统。在建工程临时室内消防竖管的设置应符合下列规定：

①消防竖管的设置应便于消防人员操作，数量不应少于2根，当结构封顶时，应将消防竖管设置成环状。②消防竖管的管径应根据在建工程消防用水量、竖管内水流速度计算确定，且不应小于DN100。③设置室内消防给水系统的在建工程，应设置消防水泵接合器。消防水泵接合器应设置在室外便于消防车取水的部位，与室外消火栓或消防水池取水口的距离宜为15～40m。④设置临时室内消防给水系统的在建工程，各结构层均应设置室内消火栓接口及消防软管接口，并应符合下列规定：

A. 消火栓接口及软管接口应设置在位置明显且易于操作的部位。B. 消火栓接口的前端应设置截止阀。C. 消火栓接口或软管接口的间距，多层建筑不应大于50m，高层建筑不应大于30m。⑤在建工程结构施工完毕的每层楼梯处应设置消防水枪、水带及软管，且每个设置点不应少于2套。⑥高度超过100m的在建工程，应在适应楼层增设临时中转水池及加压水泵。中转水池的有效容积不应少于10m³，上、下两个中转水池的高差不宜超过100m。⑦临时消防给水系统的给水压力应满足消防水枪充实水柱长度不小于10m的要求；给水压力不能满足要求时，应设置消火栓泵，消火栓泵不应少于2台，且应互为备用；消火栓泵宜设置自动启动装置。⑧当外部消防水源不能满足施工现场的临时消防用水量要求时，应在施工现场设置临时贮水池。临时贮水池宜设置在便于消防车取水的部位，其有效容积不应小于施工现场火灾延续时间内一次灭火的全部消防用水量。⑨施工现场临时消防给水系统应与施工现场生产、生活给水系统合并设置，但应设置将生产、生活用水转为消防用水的应急阀门。应急阀门不应超过2个，且应设置在易于操作的场所，并应设置明显标识。

（四）应急照明

（1）施工现场的下列场所应配备临时应急照明：

①自备发电机房及变配电房。②水泵房。③无天然采光的作业场所及疏散通道。④高度超过100m的在建工程的室内疏散通道。⑤发生火灾时仍需坚持工作的其他场所。

（2）临时消防应急照明灯具宜选用自备电源的应急照明灯具，自备电源的连续供电时间不应小于60min。

四、防火管理

（一）基本要求

（1）施工现场的消防安全管理应由施工单位负责。

实行施工总承包时，应由总承包单位负责。分包单位应向总承包单位负责，并应服从总承包单位的管理，同时应承担国家法律、法规规定的消防责任和义务。

（2）监理单位应对施工现场的消防安全管理实施监理。

（3）施工单位应根据建设项目的规模、现场消防安全管理的重点，在施工现场建立消防安全管理组织机构及义务消防组织，并确定消防安全负责人和消防安全管理人员，同时应落实相关人员的消防安全管理责任。

（4）施工单位应针对施工现场可能导致火灾发生的施工工作及其他活动，制定消防安全管理制度。消防安全管理制度应包括的主要内容为：消防安全教育与培训制度；可燃及易燃易爆危险品管理制度；用火、用电、用气管理制度；消防安全检查制度；应急预案演练制度。

（5）施工单位应编制施工现场防火技术方案，并应根据现场情况变化及时对其进行修改、完善。防火技术方案包括的主要内容为：施工现场重大火灾危险源辨识；施工现场防火技术措施；临时消防设施、临时疏散设施配备；临时消防设施和消防警示标识布置图。

（6）施工单位应编制施工现场灭火及应急疏散预案。灭火及应急疏散预案包括的主要内容为：应急灭火处置机构及各级人员应急处置职责；报警、接警处理的程序和通信联络的方式；扑救初起火灾的程序和措施；应急疏散及救援的程序和措施。

（7）施工人员进场时，施工现场的消防安全管理人员应向施工人员进行消防安全教育和培训。消防安全教育和培训包括的内容为：施工现场消防安全管理制度、防火技术方案、灭火及应急疏散预案的主要内容；施工现场临时消防设施的性能及使用、维护方法；扑灭初起火灾并自救逃生的知识和技能；报警、接警的程序和方法。

（8）施工作业前，施工现场的施工管理人员应向作业人员进行消防安全技术交底。消防安全技术交底包括的主要内容为：施工过程中可能发生火灾的部位或环节；施工过程应采取的防火措施及应配备的临时消防设施；初起火灾的扑救方法及注意事项；逃生方法及路线。

（9）施工过程中，施工现场的消防安全负责人应定期组织消防安全管理人员对施工现场的消防安全进行检查。消防安全检查包括下列主要内容：可燃物及易燃易爆危险品的管理是否落实；动火作业的防火措施是否落实；用火、用电、用气是否存在违章操作；电、气焊及保温防水施工是否执行操作规程；临时消防设施是否完好有效；临时消防车道及临时疏散设施是否畅通。

（10）施工单位应依据灭火及应急疏散预案，定期开展灭火及应急疏散的演练。

（11）施工单位应做好并保存施工现场消防安全管理的相关文件和记录，并应建立现场消防安全管理档案。

（二）可燃物及易燃易爆危险品管理

（1）可燃材料及易燃易爆危险品应按计划限量进场。进场后，可燃材料宜存放于库房内，露天存放时，应分类成垛堆放，垛高不应超过2m，单垛体积不应超过50m³，垛与垛之间的最小间距不应小于2m，且应采用不燃或难燃材料覆盖；易燃易爆危险品应分类专库储存，库房内应通风良好，并应设置严禁明火标志。

（2）室内使用油漆及其有机溶剂、乙二胺、冷底子油等易挥发产生易燃气体的物资作业时，应保持良好通风，作业场所严禁明火，并应避免产生静电。

（3）施工产生的可燃、易燃建筑垃圾或涂料，应及时清理。

（三）用火、用电、用气管理

（1）施工现场用火应符合下列规定：

①动火作业应办理动火许可证；动火许可证的签发人收到动火申请后，应前往现场查验并确认动火作业的防火措施落实后，再签发动火许可证。

②动火操作人员应具有相应资格。

③在进行焊接、切割、烘烤或加热等动火作业前，应对作业现场的可燃物进行清理；作业现场及其附近无法移走的可燃物应采用不燃材料对其覆盖或隔离。

④安排施工作业时，宜将动火作业安排在使用可燃建筑材料的施工作业前进行。确需在使用可燃建筑材料的施工作业之后进行动火作业时，应采取可靠的防火措施。

⑤裸露的可燃材料上严禁直接进行动火作业。

⑥焊接、切割、烘烤或加热等动火作业应配备灭火器材，并应设置动火监护人进行现场监护，每个动火作业点均应设置1个监护人。

⑦遇五级（含五级）以上风力天气时，应停止焊接、切割等室外动火作业；确需动火作业时，应采取可靠的挡风措施。

⑧动火作业后，应对现场进行检查，并应在确认无火灾危险后，动火操作人员再离开。

⑨具有火灾、爆炸危险的场所严禁明火。

⑩施工现场不应采用明火取暖。

（2）施工现场用电应符合下列规定：

①施工现场供用电设施的设计、施工、运行和维护应符合现行国家标准《建设工程施工现场供用电安全规范》（GB50194）的有关规定。②电气线路应具有相应的绝缘强度

和机械强度，严禁使用绝缘老化或失去绝缘性能的电气线路，严禁在电气线路上悬挂物品。破损、烧焦的插座、插头应及时更换。③电气设备与可燃、易燃、易爆危险品和腐蚀性物品应保持一定的安全距离。④有爆炸和火灾危险的场所，应按危险场所等级选用相应的电气设备。⑤配电屏上每个电气回路应设置漏电保护器、过载保护器，距配电屏 2m 范围内不应堆放可燃物，5m 范围内不应设置可能产生较多易燃、易爆气体、粉尘的作业区。⑥可燃材料库房不应使用高热灯具，易燃易爆危险品库房内应使用防爆灯具。⑦普通灯具与易燃物的距离不宜小于 300mm，聚光灯、碘钨灯等高热灯具与易燃物的距离不宜小于 500mm。⑧电气设备不应超负荷运行或带故障使用。⑨严禁私自改装现场供用电设施。⑩应定期对电气设备和线路的运行及维护情况进行检查。

（3）施工现场用气应符合下列规定：

①储装气体的罐瓶及其附件应合格、完好和有效；严禁使用减压器及其附件缺损的氧气瓶，严禁使用乙炔专用减压器、回火防止器及其附件缺损的乙炔瓶。

②气瓶运输、存放、使用时，应符合下列规定：

A.气瓶应保持直立状态，并采取防倾斜措施，乙炔瓶严禁横躺卧放。B.严禁碰撞、敲打、抛掷、滚动气瓶。C.气瓶应远离火源，与火源的距离不应小于 10m，并应采取避免高温和防止暴晒的措施。D.燃气储装瓶罐应设置防静电装置。

③气瓶应分类储存，库房内应通风良好；氧气瓶、乙炔瓶在使用过程中瓶与瓶之间的距离应保持在 6m 以上，空瓶和实瓶同库存放时，应分开放置，空瓶和实瓶的间距不应小于 1.5m。

第十章 建筑施工安全检查与安全评价

第一节 建筑施工安全检查

安全检查是指对安全管理体系活动和结果的符合性和有效性进行的常规监测活动，建筑施工企业通过安全检查掌握安全管理体系运行的动态，发现并纠正安全管理体系运行活动或结果的偏差，并为确定和采取纠正措施或预防措施提供信息。

一、安全检查的形式

（一）按检查时间分类

1. 经常性安全检查

建筑工程施工应经常开展预防性的安全检查工作，以便及时发现并消除事故隐患，保证施工生产正常进行。施工现场经常性的安全检查方式主要有：

（1）现场专（兼）职安全生产管理人员及安全值班人员每天例行开展的安全巡视、巡查。

（2）现场项目经理、责任工程师及相关专业技术管理人员在检查生产工作的同时进行的安全检查。

（3）作业班组在班前、班中、班后进行的安全检查。

2. 临时性安全检查

在工程开工前的准备工作、施工高峰期、工程处在不同施工阶段前后、人员有较大变动期、工地发生工伤事故及其他安全事故后以及上级临时安排等，所进行的安全检查。

开工、复工安全检查，是针对工程项目开工、复工之前进行的安全检查，主要检查现场是否具备保障安全生产的条件。

3. 定期安全检查

建筑施工企业应建立定期分级安全检查制度，定期安全检查属全面性和考核性的检查，企业应确定安全大检查的时间及时间间隔。总公司或主管局可每半年一次普遍大检查，工程公司可每季一次普遍检查，项目部可每月一次普遍检查。工程项目部每天应结合施工动态，实行安全巡查；总承包工程项目部应组织各分包单位每周进行安全检查，每月对照《建筑施工安全检查标准》，至少进行一次定量检查，施工现场的定期安全检查应由项目经理亲自组织。

4. 季节性安全检查

企业应针对承建工程所在地区的气候与环境特点可能给安全生产造成的不利影响或带来的危害，组织季节性的安全检查。包括冬季施工的安全检查（以防寒、防冻、防火为主）、雨季施工的安全检查（以防风、防汛、防雷、防触电、防潮、防水淹、防倒塌为主）、暑季施工的安全检查（以防暑降温为主）等。

5. 节假日安全检查

在节假日特别是重大或传统节假日（如"五一""十一"、元旦、春节等）前后和节日期间，为防止现场管理人员和作业人员思想麻痹、纪律松懈等进行的安全检查。节假日加班，更要认真检查各项安全防范措施的落实情况。

（二）按检查项目的性质不同分类

1. 专业性安全检查

这类检查专业性强，应由熟悉专业知识的有关安全技术部门人员（专业工程技术人员、专业安全管理人员）参加，对现场某项专业安全问题或在施工生产过程中存在的比较系统性的安全问题进行的单项检查。

2. 一般性安全检查

与操作人员密切相关，要由班组长、班组安全员、工长等参加组成安全委员会，主要包括检查安全技术操作、安全劳动保护用品及装置、安全纪律和安全隐患等方面的现场安全检查。

3. 安全管理检查

由安全技术部门组织。对安全规划、安全制度、安全措施、责任制、有关安全的材料（记录、资料、图表、总结、分析等）进行检查。

（三）按检查的主体不同分类

1. 公司安全生产大检查

由主管生产的公司领导负责，由生产部具体组织，召集技术部、车间等分管安全负责人共同参加检查。企业应对工程项目施工现场安全职责落实情况进行检查，并针对检查中发现的倾向性问题、安全生产状况较差的工程项目，组织专项检查。

2. 项目部级安全生产检查

由项目经理负责，召集有关人员参加，并做好检查记录，自行能解决的隐患自行落实整改，需要公司解决的报公司安全部。

3. 班组的检查

按要求进行，检查结果填写在班组的安全检查原始记录上，并将结果及时报告车间。

二、安全检查的内容

(一) 检查安全管理的情况

主要内容包括：安全管理目标和规划的实现程度、安全管理制度的执行情况、安全责任制的落实情况、安全教育开展情况、生产安全事故或未遂事故和其他违法违规事件的调查处理情况、安全生产法律法规和标准规范及其他要求的执行情况、单位内部的安全资料建档情况。

(二) 检查安全技术的情况

1. 安全技术要求

施工现场安全隐患排查和安全防护情况、安全技术措施、安全技术操作规程完善程度、安全技术交底、三新应用中的安全措施等。

2. 施工设备和机具

施工用的各类机具、机电设备的完好程度和它们的安全装置可靠程度、保养维修记录等。

三、安全检查的结果

(一) 检查报告

每次检查都要由负责检查的领导主持，对检查结果进行总结，写出书面报告。还应复查和通报上次安全隐患的整改情况。

安全生产检查报告的内容大体上可以分成以下四个部分：

1. 安全生产检查的概况

主要包括检查的宗旨和指导思想，检查的重点，检查的时间，负责人，参加人员，分几个检查组，检查了哪些单位，以及对检查活动的基本评价等。

2. 安全生产工作的经验和成绩

总结安全生产工作经验、成绩，加以肯定并组织推广。

3. 安全生产工作存在的问题

对存在的问题进行分析，找出产生问题的原因。

4. 对今后安全工作的意见和建议

主要是针对检查中发现的问题，提出有针对性的改进措施。

（二）检查结果的处理

建筑施工企业对安全检查中发现的问题和隐患等不安全因素，组织整改并跟踪复查。做到"四定""三不交"，即：定项目、定措施、定完成时间、定项目负责人；班组能整改的不交项目部、项目部能整改的不交公司、公司能整改的不交上级。

在各级安全检查中，发现违章作业者，应立即纠正，做好记录，对不听劝阻者，检查人员有权令其停止作业，经检查认识并改正后方可恢复作业。情节严重者，按规定给予处罚。

检查中发现的隐患，安生部负责签发隐患整改通知单，各部门接到通知后必须按要求进行整改，如无故拖延不整改又不采取任何措施，则追究其部门、单位主要领导责任，发生事故的按有关规定加重处罚。对物质、技术、时间条件暂不具备整改条件的隐患，应及时报告上级，同时采取有效防范措施，防止事故的发生。

建筑施工企业对安全检查中发现的问题，应定期统计、分析，确定多发和重大隐患，制定并实施治理措施。各级检查组应将检查结果、查出的隐患和改进活动记录整理存档，同时按要求报上一级主管部门。

四、建筑施工安全检查表

(一) 安全检查表概念

根据《建筑施工安全检查标准》(JGJ 59—2011)，对建筑施工中易发生伤亡事故的主要环节、部位和工艺等的完成情况做安全检查评价时，采用检查评分表的形式，由十项分项检查评分表和一张检查评分汇总表构成。适用于建筑施工企业及其主管部门对建筑施工安全工作的检查和评价。

(二) 安全检查表的内容

检查表列项时根据项目的内在联系、结构重要度大小、对系统安全所起的作用等，划分出保证项目、一般项目。保证项目应是安全检查的重点和关键，以便突出重点检查内容。在安全管理、文明施工、脚手架、基坑工程、模板支架施工用电、物料提升机与施工升降机、塔式起重机与起重吊装八项检查评分表中，设立保证项目和一般项目。有些表的各检查项目之间无相互联系的逻辑关系，不列出保证项目，如高处作业和施工机具。

1. 检查评分汇总表

是对十个分项检查结果的汇总，利用汇总表得分，作为对一个施工现场安全生产情况的评价依据，来确定总体系统的安全生产工作情况。共包含十七张检查评分表，主要内容应包括安全管理、文明施工、脚手架、基坑工程、高处作业、模板支架施工用电、物料提升机与施工升降机、塔式起重机与起重吊装和施工机具十项。表中专业性较强的项目要单独编制专项安全技术措施，如脚手架工程、施工用电、基坑支护、模板工程、起重吊装作业、塔吊、物料提升机及其他垂直运输设备。

2.分项检查表

包括安全管理检查评分表、文明施工检查评分表、脚手架检查评分表、高处作业检查评分表、基坑工程检查评分表、模板支架检查评分表、施工用电检查评分表、物料提升机（龙门架、井字架）检查评分表、施工升降机（人货两用电梯）检查评分表、塔式起重机检查评分表、起重吊装检查评分表、施工机具检查评分表等。

（三）评分方法

1.基本规定

①各分项检查评分表，满分为100分。表中各检查项目得分应为按规定检查内容所得分数之和。每张表总得分应为各自表内各检查项目实得分数之和。

②在检查评分中，遇有多个脚手架、塔吊、龙门架与井字架等时，则该项得分应为各单项实得分数的算术平均值。

③检查评分不得采用负值。各检查项目所扣分数总和不得超过该项应得分数。

④在检查评分中，当保证项目中有一项不得分或保证项目小计得分不足40分时，此检查评分表不应得分。这是为了

突出保证项目中的各项对系统的安全与否所起的关键作用。

⑤汇总表满分为 100 分。各分项检查表在汇总表中所占的满分分值应分别为：安全管理 10 分、文明施工 15 分、脚手架 10 分、基坑工程 10 分、模板支架 10 分、高空作业 10 分、施工用电 10 分、物料提升机与施工升降机 10 分、塔式起重机与起重吊装 10 分和施工机具 5 分。由于施工机具近些年有较大改观，防护装置日趋完善，所以确定为 5 分；而文明施工是独立的一个方面，也是施工现场整体面貌的体现和建筑业现象的综合反映，所以确定为 15 分。

2. 注意事项

分项检查表共有十九张，归纳为十项内容，每次在工地检查使用时，不一定都能遇到，如有的工地无塔吊等情况，在汇总表中就要进行换算，计算出这个工地的总得分。

在汇总表中各分项项目实得分数应按下式计算：

在汇总表中各分项项目实得分数 = 该项检查评分表实得分数 × 汇总表中该项应得满分分值 /100

（四）检查评价标准

建筑施工安全检查评分，应以汇总表的总得分及保证项目达标与否，作为对一个施工现场安全生产情况的评价依据，分为优良、合格、不合格三个等级。

（1）优良。分项检查表无零分，汇总表得分值应在 80 分及以上。就是说优良的标准为在施工现场内无重大事故隐患，各项工作达到行业平均先进水平。

（2）合格。分项检查表无零分，汇总表得分值应在 80 分以下，70 分及以上。就是说合格的标准为达到施工现场保证安全的基本要求。

（3）不合格。不合格的标准为施工现场隐患多，出现重大伤亡事故的概率比较大。

①汇总表得分值不足 70 分。就说明施工现场重大事故隐患较多，随时可能导致伤亡事故的发生，因此定为不合格。②有一分项检查表得零分。

第二节　施工现场安全资料管理

一、安全管理的基础资料

建筑施工现场安全资料，是指建筑施工企业按施工规范的规定，在施工管理过程中所建立与形成的、应当归档保存的安全文明生产的资料。

（一）建筑施工现场安全资料管理的意义

（1）安全资料是安全生产过程的产物和结晶，资料管理工作的科学化、标准化、规范化，可不断地推动现场施工安全管理向更高的层次和水平发展。

（2）安全资料有序的管理，是建筑施工实行安全报告监督制度、贯彻安全监督、分段验收、综合评价全过程管理的重要内容之一。

（3）真实可靠的安全资料为指导今后的工作、领导工作的决策提供依据。可以减少不必要的时间浪费和费用损失，也可进一步规范安全生产技术、提高劳动生产效率、减少伤亡事故发生频率。

（4）安全资料的真实性，为施工过程中发生的伤亡事故处理提供可靠的证据，并为今后的事故预测、预防提供可依据的参考资料。

二、施工现场安全资料的管理

（一）安全资料的编写要求

安全资料的填写与制作必须遵循"如实记录工作、真实反映现状"的原则，使现场与内业管理真正统一起来，从而全面、全员、全过程地实施安全管理。

（1）资料填制人员应经过专业培训，即在全面学习并理解的基础上开展工作。

（2）表式中的各类名称、单位等必须采用全称，不得使用简称。

（3）资料中的空格处一般要求必须填写，如无法填写（如暂时不掌握的），可以空缺，待在今后了解清楚后及时补充填写。

（4）资料应做到有专人填制、专人保管，书写字迹应端正，不潦草、不乱涂乱改、不缺页污损。

（5）参考有关书籍及其他单位制作的资料时，切忌照搬照抄，而要根据工程的实际情况进行编制。

（6）对现场的检查、验收记录，必须尽量按照"先定量、后定性"的原则进行。即现场的实际情况有具体数字的，必须填写实际数据；无法写清数据的，才可以用文字说明。

（二）安全资料的整理归集

归档材料应确保完整、准确、系统，反映企业安全生产各项活动的真实内容和历史过程。应按照《国家重大建设项目文件归档要求与档案整理规范》（DA/T 28—2002）及《科学技术档案案卷构成的一般要求》（GB/T 11822—2000）等的要求进行整理、编目。用纸、用笔标准（不用铅笔、圆珠笔），字迹清晰。具有重要保存价值的电子文件，应与内容相同的纸质文件同时归档。

安全生产档案工作人员应对各部门送交的各类安全生产档案认真检查。检查合格后交接双方在移交清册（一式两份）和检查记录上签字，正式履行交接手续。接收电子安全生产档案时，应在相应设备、环境上检查其真实性和有效性，并确定其与内容相同的纸质安全生产档案的一致性，然后办理交接手续。

1. 归档范围

归档材料须是企业在生产过程中形成的与安全生产有关的各种文件、规章制度、技术资料、原始记录、图片、图纸等资料。

（1）上级安全主管部门的有关文件和通知、通报。

（2）公司历年伤亡事故调查报告、处理意见及重要的原始记录。

（3）公司重大的安全工程、系统设计及生产技术等有关资料。

（4）安全重点管理对象和特殊工种的工人履历档案。

（5）新工人和关键工种培训试卷。

（6）公司制定的安全方面的制度、计划。

（7）公司发的各种文件、通知、资料、报刊等。

2. 归档时间

（1）基础建设、物料购置与处理、产品生产等活动中形成的与安全相关联的材料，在项目结束后整理归档。

（2）企业及企业各部门在企业安全管理过程中形成的材料，可以按每月、每季或每年归档，也可按项目或活动归档。

3. 档案密级

档案资料视情况确定其密级。一般可按《城乡建设档案密级划分暂行规定》[（88）城办字第 29 号] 执行。

4. 档案资料的保管

应配置保存安全生产档案的专用柜屉和保护设备，采取防火、防潮、防虫、防盗等措施，确保安全生产档案安全。对破损或载体变质的安全生产档案要及时进行修补和复制。

（1）保管期限的规定。按《城乡建设档案保管期限暂行规定》[（88）城办字第 29 号] 执行。保管期限规定为永久、长期和短期三种，长期为二十至六十年左右，短期为二十年以下。凡定为短、长期的档案，到期再鉴定时，视其价值可延长保管期限。

（2）检索。应进行按级分类保管和编码并要求有检索台账。凡复制、摘录档案，需经负责人同意。利用档案的单位和个人未经上级主管部门或档案室同意，不得擅自公布档案内容。电话查询档案，只限于一般问题的咨询。档案的储存必须规范、分门别类、标识明确、便于查询。

（3）借阅。档案借阅要处理好安全生产档案保密和利用的关系，既要保护企业的知识产权和商业秘密，保障企业的合法权益不受损害，又要充分发挥安全生产档案的指导、借鉴等积极作用。应执行借阅制度，履行借阅手续，遵守处罚规定。

（4）销毁。归档资料保管到期或确认其无保管价值需要销毁时，由企业负责人、业务部门的管理人员与技术人员、安全管理部门负责人及安全生产档案工作人员组成的鉴定小组进行鉴定，确认其无价值时提出销毁决议，写出鉴定报告并编制销毁清册，报主管负责人审批。销毁安全生产档案时必须履行严格的签字手续，由两人以上监销，销毁清册应长期保存。

(三) 事故档案管理

生产安全事故档案，是指生产安全事故报告、事故调查和处理过程中形成的具有保存价值的各种文字、图表、声像、电子等不同形式的历史记录，简称事故档案。各级安全生产监督管理部门或负有安全生产监督管理职责的有关部门、各事故发生单位及其他有关单位，依据《生产安全事故档案管理办法》(安监总办〔2008〕202号)，对事故档案进行整理。

1. 文件的归档

应当以事故为单位进行分类组卷，组卷时应保持文件之间的有机联系。同一事故的非纸质载体文件材料应与纸质文件材料分别整理存放，并标注互见号。

(1) 归档文件质量要求。纸质文件材料应齐全完整，字迹清晰，签认手续完备；数字照片应打印纸质版拷贝；录音、录像文件 (包括数字文件)、电子文件应按要求确保内容真实可靠、长期可读。

(2) 档案交接。文件材料向档案部门归档时，交接双方应按照归档文件材料移交目录对全部文件材料进行清点、核对，对需要说明的事项应编写归档说明。移交清册一式二份，双方责任人签字后各保留一份。

2. 档案保管

(1) 保管期限。事故档案的保管期限分为永久和30年两种。凡是造成人员死亡或重伤，或1000万元以上(含1000

万元）直接经济损失的事故档案，列为永久保管。未造成人员死亡或重伤，且直接经济损失在1000万元以下的事故档案，结案通知或处理决定以及事故责任追究落实情况的材料列为永久保管，其他材料列为30年保管。

（2）档案的使用。事故档案保管单位应提供必要的保管保护条件，确保事故档案的安全。事故档案保管单位应依据《政府信息公开条例》以及知识产权保护等规定，建立健全事故档案借阅制度，明确相应的借阅范围和审批程序。要确保涉密档案的安全，维护涉及事故各方的合法权益。

（3）档案的销毁。事故档案保管单位应对保管期限已满的事故档案进行鉴定。仍有保存价值的事故档案，可以延长保管期限。对于需要销毁的事故档案，要严格履行销毁程序。事故档案在保管一定时期后，随同其他档案按时向同级国家档案馆移交。擅自销毁事故文件材料、未及时归档，或违反本办法，造成事故档案损毁、丢失或泄密的，将依照安全生产法律法规、档案法律法规追究直接责任单位或个人的法律责任。

第三节　建筑施工安全生产评价

对施工企业进行安全生产评价，就是科学地评价施工企业安全生产条件、安全生产业绩及相应的安全生产能力，并实现评价工作的规范化和制度化。以加强企业安全生产的监督管理，促进施工企业安全生产管理水平。

一、评价依据

安全生产评价是以《施工企业安全生产评价标准》（JGJ/T 77—2010）、《建筑施工安全检查标准》（JGJ 59—2011）、《安全生产法》、《建筑法》和《职业健康安全管理体系》（GB/T 28001—2011）等法律法规的要求为依据，对施工企业安全生产能力的综合评价。适用于施工企业及政府主管部门对企业安全生产条件和业绩的评价。

二、评价内容

施工企业安全生产评价体系由安全生产条件评价和业绩评价这两个单项以及它们组合而成的安全生产能力综合评价构成。

（一）施工企业无施工现场的评价

1. 评价内容

包括安全生产管理、安全技术管理、设备与设施管理、企业市场行为4个分项，每个分项评价又分为若干个评分项目。按照《施工企业安全生产评价标准》中的规定进行项目划分、确定评分方法和标准量化评价。

2. 评分方法

（1）每张评分表的评分满分分值均为100分，评分的实得分为相应评分表中各评分项目实得分之和。

（2）每张评分表中的各评分项目的实得分不采用负值，即扣减分数总和不得超过该评分项目应得分分值，最少实得分为0分，最大实得分为该评分项目的应得分分值。确定评分项目各条款起步扣分值的依据是：若不相符，可能造成后果的严重程度。

（3）施工企业安全生产评价的四张分项评分表中，如果评分项目有缺项的，其分项评分的实得分按下式换算：

遇有缺项的分项实得分 = 可评分项目的实得分之和 / 可评分项目的应得分值之和 × 100。

（4）施工企业安全生产条件单项评分实得分为其4个分项实得分的加权平均值。安全生产管理制度，资质、机构与人员管理，安全技术管理和设备与设施管理4个分项的权数分别为0.3、0.2、0.3、0.3。

（二）施工企业有施工现场的单项评价

（1）评价内容。直接分为施工现场安全达标、安全文明资金保障、资质和资格管理、生产安全事故控制、设备设施工艺选用、保险生产管理体系推行6个评分项目，不再另设分项评价。

（2）评分标准。按照《施工企业安全生产评价标准》中的标准进行规定。

三、评价等级

施工企业安全生产评价的结果分为合格、基本合格、不合格三个等级。合格和基本合格标准既限定加权平均汇总后单项评分实得分的最低分值，又限定各分项评分表的实得分的最低分值，目的是限制各评分分项之间的得分差距，以确保各评分分项均能保持一定水准。

施工企业安全生产考核评定，宜符合下列要求：

（1）对有在建工程的企业，安全生产考核评定应分为合格、不合格两个等级。

（2）对无在建工程的企业，安全生产考核评定应分为基本合格、不合格两个等级。

评价结果（包括评价等级及评价意见）应经评价组织单位和被评价的施工企业共同签名、盖章确认。"评价负责人"为受评价单位委派，担任本次评价小组的组长，"评价人员"由评价单位组织安排。参与评价的人员均应签名，并应与各评分表的评分员签名相对应。施工企业自我评价时，评价组织单位即为施工企业自身。"企业负责人"应为被评价的施工企业法人或法人代表。

评价人员应具备企业安全管理及相关专业能力，每次评价不应少于3人。施工企业每年度应至少进行一次自我考核评价。发生下列情况之一时，企业应再进行复核评价：

①适用法律、法规发生变化时；

②企业组织机构和体制发生重大变化后；

③发生生产安全事故后；

④其他影响安全生产管理的重大变化。

施工企业考核自评应由企业负责人组织，各相关管理部门均应参与。

第十一章　常见生产安全事故

第一节　电气安全事故防治

电的使用越来越广泛，但电也会给人们的生产和生活带来危险，因此，应掌握电气安全技术，预防因电产生的危害。以下将介绍各类电气事故的防治技术。

一、触电事故基本知识

触电事故是由电流及其转换成的能量造成的事故。为了更好地预防触电事故，我们应该了解触电事故的种类、方式与规律。

（一）触电事故的分类

1. 电击

通常所说的触电指的是电击。电击是电流对人体内部组织的伤害，是最危险的一种伤害，绝大多数的触电死亡事故都是由电击造成的。

按照发生电击时电气设备的状态，电击分为直接接触电击和间接接触电击。前者是触击设备和线路正常运行时的带电体发生的电击，也称为正常状态下的电击；后者是触击正常状态下不带电，而当设备或线路故障时意外带电的带电体所发生的电击，也称为故障状态下的电击。

2.电伤

电伤是由电流的热效应、化学效应、机械效应等效应对人造成的伤害。电伤分为电弧烧伤、电流灼伤、皮肤金属化、电烙印、机械性损伤、电光眼等伤害。电弧烧伤是由弧光放电造成的烧伤，是最危险的电伤。电弧温度高达8000℃，可造成大面积、大深度的烧伤，甚至烧焦、烧毁四肢及其他身体部位。

(二)触电事故发生的方式

按照人体触及带电体的方式和电流流过人体的途径，触电分为单相触电、两相触电和跨步电压触电。

1.单相触电

当人体直接碰触带电设备其中的一相时，电流通过人体流入大地，这种触电现象称为单相触电。对于高压带电体，人体虽未直接接触，但由于超过了安全距离，高电压对人体放电，造成单相接地而引起的触电，也属于单相触电。

2.两相触电

人体同时接触带电设备或线路中的两相导体，或在高压系统中，人体同时接近不同相的两相带电导体，而发生电弧放电，电流从一相导体通过人体流入另一相导体，构成一个闭合回路，这种触电方式称为两相触电。发生两相触电时，作用于人体上的电压等于线电压，这种触电是最危险的。

3.跨步电压触电

当电气设备发生接地故障，接地电流通过接地体向大地流散，在地面上形成电位分布时，若人在接地短路点周围行走，其两脚之间的电位差，就是跨步电压。由跨步电压引起的人体触电，称为跨步电压触电。

二、直接接触电击预防技术

(一) 绝缘

绝缘是用绝缘物把带电体封闭起来。电气设备的绝缘应符合其相应的电压等级、环境条件和使用条件；电气设备的绝缘不得受潮，表面不得有粉尘、纤维或其他污物，不得有裂纹或放电痕迹，表面光泽不得减退，不得有脆裂、破损，弹性不得消失，运行时不得有异味。绝缘的电气指标主要是绝缘电阻，用兆欧表测定。任何情况下绝缘电阻不得低于每伏工作电压 $1000\,\Omega$，并应符合专业标准的规定。

(二) 屏护

屏护是采用遮栏、护罩、护盖、箱闸等将带电体同外界隔绝开来的屏护装置，屏护装置应有足够的尺寸，应与带电体保证足够的安全距离：遮栏与低压裸导体的距离不应小于0.8m；网眼遮栏与裸导体之间的距离，低压设备不宜小于0.15m，10kV设备不宜小于0.35m。屏护装置应安装牢固；金属材料制成的屏护装置应可靠接地 (或接零)；遮栏、栅栏应根据需要挂标示牌；遮栏出入口的门上应根据需要安装信号装置和连锁装置。

(三) 间距

间距是将可能触及的带电体置于可能触及的范围之外，其安全作用与屏护的安全作用基本相同。带电体与地面之间、带电体与树木之间、带电体与其他设施和设备之间、带电体与带电体之间均需保持一定的安全距离。安全距离的大小取决于电压高低、设备类型、环境条件和安装方式等因素。架空线路的间距须考虑气温、风力、覆冰和环境条件的影响。

在低压操作中，人体及其所携带工具与带电体的距离不应小于 0.1m。

三、间接接触电击预防技术

保护接地与保护接零是防止间接接触电击最基本的措施，正确掌握应用对防止事故的发生十分重要。

(一) IT 系统 (保护接地)

IT 系统就是保护接地系统。IT 系统的字母 I 表示配电网不接地或经高阻抗，接地字母 T 表示电气设备外壳接地。所谓接地，就是将设备的某一部位经接地装置与大地紧密连接起来。保护接地的做法是将电气设备在故障情况下可能呈现危险电压的金属部位经接地线、接地体同大地紧密地连接起来。其安全原理是：把故障电压限制在安全范围以内，以保证电气设备(包括变压器、电机和配电装置)在运行、维护和检修时，不因设备的绝缘损坏而导致人身伤亡事故。

保护接地适用于各种不接地配电网。在这类配电网中，凡由于绝缘损坏或其他原因而可能出现危险电压的金属部分，除另有规定外，均应接地。在 380V 不接地低压系统中，一般要求保护接地电阻 RE < 4Ω。当配电变压器或发电机的容量不超过 100kV.A 时，要求 RE ≤ 10Ω。

(二) TT 系统

我国绝大部分地面企业的低压配电网都采用星形接法的

低压中性点直接接地的三相四线配电网。这种配电网能提供一组线电压和一组相电压。中性点的接地 IP 叫作工作接地，中性点引出的导线叫作中性线，也叫作工作零线。TT 系统的第一个字母 T 表示配电网直接接地，第二个字母 T 表示电气设备外壳接地。

TT 系统的接地 RE 也能大幅度降低漏电设备上的故障电压，但一般不能降低到安全范围以内。因此，采用 TT 系统必须装设漏电保护装置或过电流保护装置，并优先采用前者。TT 系统主要用于低压用户，即用于未装备配电变压器，从外面引进低压电源的小型用户。

（三）TN 系统（保护接零）

TN 系统相当于传统的保护接零系统。一般地，典型的 TN 系统，PE 是保护零线，RS 叫作重复接地。TN 系统中的字母 N 表示电气设备在正常情况下不带电的金属部分与配电网中性点之间，亦即与保护零线之间紧密连接。保护接零的安全原理是当某相带电部分碰连设备外壳时，形成该相对零线的单相短路；短路电流促使线路 L 的短路保护元件迅速动作，从而把故障设备电源断开，消除电击危险。虽然保护接零也能降低漏电设备上的故障电压，但一般不能降低到安全范围以内，其第一位的安全作用是迅速切断电源。TN 系统分为 TN-S、TN-C-S、TN-C 几种类型，其中 TN-S 系统的安全性能最好，有爆炸危险环境、火灾危险性大的环境及其他安全要求高的场所应采用 TN-S 系统；厂内低压配电的场所及民用楼房应采用 TN-C-S 系统。

四、其他电击预防技术

(一) 双重绝缘与加强绝缘

双重绝缘指工作绝缘(基本绝缘)和保护绝缘(附加绝缘)。前者是带电体与不可触及的导体之间的绝缘,是保证设备正常工作和防止电击的基本绝缘;后者是不可触及的导体与可触及的导体之间的绝缘,是当工作绝缘损坏后用于防止电击的绝缘。加强绝缘是具有与上述双重绝缘相同水平的单一绝缘。具有双重绝缘的电气设备属于Ⅱ类设备。Ⅱ类设备的电源连接线应按加强绝缘设计。Ⅱ类设备在其明显部位应有"回"形标志。

(二) 安全电压

安全电压是在一定条件下、一定时间内不危及生命安全的电压。具有安全电压的设备属于Ⅲ类设备。安全电压限值是在任何情况下,任意两导体之间都不得超过的电压值。我国标准规定工频安全电压有效值的限值为50V,还规定工频有效值的额定值有42V、36V、24V、12V和6V。凡特别危险环境使用的携带式电动工具应采用42V安全电压,凡有电击危险环境使用的手持照明灯和局部照明灯应采用36V或42V安全电压;金属容器内、隧道内、水井内以及周围有大面积接地导体等工作地点狭窄、行动不便的环境应采用12V安全电压;水上作业等特殊场所应采用6V安全电压。

(三) 电气隔离

电气隔离指工作回路与其他回路实现电气上的隔离。电气隔离是通过采用1∶1,即一次边、二次边电压相等的隔离变压器来实现的。电气隔离的安全实质是阻断二次边工

作的人员单相触电时电流的通路。电气隔离的电源变压器
必须是隔离变压器，二次边必须保持独立，应保证电源电压
U ≤ 500V、线路长度 L ≤ 200m。

(四) 漏电保护 (剩余电量保护)

漏电保护装置主要用于防止间接接触电击和直接接触电
击，漏电保护装置也用于防止漏电火灾和监测一相接地故障。
电流型漏电保护装置以漏电电流或触电电流为动作信号。动
作信号经处理后带动执行元件动作，促使线路迅速分断。

电流型漏电保护装置的动作电流分为 0.006A、0.01A、
0.015A、0.03A、0.05A、0.075A、0.1A、0.2A、0.3A、0.5A、
1A、3A、5A、10A、20A 共 15 个等级。其中，30mA 及 30mA
以下的属高灵敏度，主要用于防止触电事故；130mA 以上、
1000mA 及 1000mA 以下的属中灵敏度，用于防止触电事故和
漏电火灾；1000mA 以上的属低灵敏度，用于防止漏电火灾和
监视一相接地故障。为了避免误动作，保护装置的额定不动
作电流不得低于额定动作电流的二分之一。漏电保护装置的
动作时间指动作时的最大分断时间。快速型和定时限型漏电
保护装置的动作时间应符合国家标准的有关要求。

五、电气设备的安全使用

(一) 安全使用条件

(1) 手持电动工具按电气安全保护措施分 I 类、II 类、
III 类共三类。II 类、III 类没有保护接地或保护接零的要求，
I 类必须采取保护接地或保护接零措施。

(2) 使用 I 类设备应配用绝缘手套、绝缘鞋、绝缘垫等

安全用具。

（3）在一般场所，为保证使用的安全，应选用Ⅱ类工具，装设漏电护器、安全隔离变压器等。否则，使用者必须戴绝缘手套、穿绝缘鞋或站在绝缘垫上。

（4）在潮湿或金属构架等导电性能良好的作业场所，必须使用Ⅱ类或Ⅱ类设备。在锅炉内、金属容器内、管道内等狭窄的特别危险场所，应使用Ⅲ类设备。

（5）移动式电气设备的保护零线（或地线）不应单独敷设，而应当与电源线采取同样的防护措施，即采用带有保护芯线的橡皮套软线作为电源线。

（6）移动式电气设备的电源插座和插销应有专用的接零（地）插孔和插头。其结构应能保证插入时接零（地）插头在导电插头之前接通，拔出时接零（地）插头在导电插头之后拔出。

（7）专用电缆不得有破损或龟裂，中间不得有接头。电源线与设备之间防止拉脱的紧固装置应保持完好。设备的软电缆及其插头不得任意接长、拆除或调换。

（二）使用安全要求

（1）辨认铭牌，检查工具或设备的性能是否与使用条件相适应。

（2）检查其防护罩、防护盖、手柄防护装置等有无损伤、变形或松动。

（3）检查开关是否失灵、是否破损、是否牢固，接线有无松动。

（4）电源线应采用橡皮绝缘软电缆；单相用三芯电缆、三相用四芯电缆；电缆不得有破损或龟裂，中间不得有接头。

（5）Ⅰ类设备应有良好的接零或接地措施，且保护导体应与工作零线分开；保护零线（或地线）应采用规定的多股软铜线，且保护零线（地线）最好与相线、工作零线在同一护套内。

(三) 使用注意事项

工具外壳不能破裂，机械防护装置完善并固定可靠；插头、插座开关没有裂开；软电缆或软线没有破皮漏电之处；保护零线或地线固定牢靠，没有脱落；绝缘没有损坏等。工具在接电源时，应由专业电工操作，并按工具的铭牌所标出的电压、相数去接电源。

长期搁置不用的工具，使用时应先检查转动部分是否灵活，后检查绝缘电阻。工具在接通电源时，先进行验电，在确定外壳不带电时，应严格按操作规程和工具使用说明书操作，还应注意轻放，避免击打，防止损坏外壳或其他零件；移动时，应手握工具的机体，严禁拉电缆软线移动，以免擦破、割破和轧坏电缆软线；操作电钻、砂轮机工具时，不宜用力过大，以防过载，使用过程中发现异常现象和故障时，应立即切断电源，将工具完全脱离电源之后，才能进行详细的检查；按要求佩戴护目镜、防护服、手套等防护用品。

工具的软电缆或软线不宜过长，电源开关应设在明显处，且周围无杂物，以方便操作。

第二节　机械伤害事故防治

机械在安全生产中发挥着重要的作用，随着生产的发展，机械在人们生活中越来越被广泛应用，机械在给人带来高效、快捷、方便的同时，也会带来各种危害。

一、机械伤害类型

（1）绞伤。直接绞伤手部，如外露的齿轮、皮带轮等直接将手指，甚至整个手部绞伤或绞掉；将操作者的衣袖、裤脚或者穿戴的个人防护用品如手套、围裙等绞进去，接着绞伤人，甚至可将人绞死；车床上的光杠、丝杠等将女工的长发绞进去。

（2）物体打击。旋转的零部件由于其本身强度不够或者固定不牢固，从而在转动时甩出去，将人击伤。如车床的卡盘，如果不用保险螺丝固住或者固定不牢，在打反车时就会飞出伤人。在可以进行旋转的零部件上，摆放未经固定的东西，从而在旋转时，由于离心力的作用，将东西甩出伤人。

（3）压伤。如冲床造成手冲压伤，锻锤造成的压伤，切板机造成的剪切伤等。

（4）砸伤。如高处的零部件或吊运的物体掉下来砸伤人。

（5）挤伤。如零部件在做直线运动时，将人身体的某部分挤住，造成伤害。

（6）烫伤。如刚切下来的切屑具有较高的温度，如果接触手、脚、脸部的皮肤，就会造成烫伤。

（7）刺割伤。如金属切屑都有锋利的边缘，像刀刃一样，接触到皮肤，就会被割伤。最严重的是飞出的切屑打入眼睛，会造成眼睛伤害甚至失明。

二、机械伤害原因

(一) 机械的不安全状态

防护、保险、信号装置缺乏或有缺陷，设备、设施、工具、附件有缺陷，个人防护用品、用具缺少或有缺陷，生产场地环境 (包括照明、通风) 不良或作业场所狭窄、杂乱，操作工序设计或配置不安全，交叉作业过多，地面有油、液体或其他易滑物，物品堆放过高、不稳，等等。

(二) 操作者的不安全行为

忽视安全、操作错误，包括未经许可开动、关停、移动机器；按错按钮，转错阀门、扳手、手柄的方向；拆除安全装置或调整错误造成安全装置失效；用手代替工具操作或用手拿工件进行机械加工；使用无安全装置的设备或工具；机械运转时加油、修理；攀、坐不安全位置 (如平台护栏、吊车吊钩等)；未使用各种个人防护用品、用具，进入必须使用个人防护用品、用具的作业场所；装束不安全 (如操纵带有旋转零部件的设备时戴手套，穿高跟鞋、拖鞋进入车间等)；无意或为了排除故障而走近危险部位；等等。

(三) 管理上的因素

设计、制造、安装或维修上的缺陷或错误，领导对安全工作不重视，在组织管理方面存在缺陷，教育培训不够，操作者业务素质差，缺乏安全知识和自我保护能力，等等。

三、机械设备的基本安全要求

机械设备的基本安全要求主要是：

（1）机械设备的布局要合理，应便于操作人员装卸工件、加工观察和清除杂物，同时也应便于维修人员的检查和维修。

（2）机械设备的零部件的强度、刚度应符合安全要求，安装应牢固，不得经常发生故障。

（3）机械设备根据有关安全要求，必须装设合理、可靠、不影响操作的安全装置。例如：

对于做旋转运动的零部件应装设防护罩或防护挡板、防护栏杆等安全防护装置，以防发生绞伤。

对于超压、超载、超温度、超时间、超行程等能发生危险事故的零部件，应装设保险装置，如超负荷限制器、行程限制器、安全阀、温度继电器、时间断电器等，以便当危险情况发生时，由于保险装置的作用而排除险情，防止事故的发生。

对于某些动作需要对人们进行警告或提醒注意时，应安设信号装置或警告牌等，如电铃、喇叭、蜂鸣器等声音信号，还有各种灯光信号、各种警告标识牌等都属于这类安全装置。

对于某些动作顺序不能颠倒的零部件应装设连锁装置，即某一动作，必须在前一个动作完成之后才能进行，否则就不可能动作。这样就保证不致因动作顺序搞错而发生事故。

（4）机械设备的电气装置必须符合电气安全的要求，主要有以下几点：

①供电的导线必须正确安装，不得有任何破损或露铜的地方。

②电机绝缘应良好，其接线板应有盖板防护，以防直接接触。

③开关、按钮等应完好无损，其带电部分不得裸露在外。

④应有良好的接地或接零装置，连接的导线要牢固，不得有断开的地方。

⑤局部照明灯应使用36V的电压，禁止使用110V或220V的电压。

（5）机械设备的操纵手柄以及脚踏开关等应符合如下要求：

重要的手柄应有可靠的定位及锁紧装置，同轴手柄应有明显的长短差别。手轮在机动时能与转轴脱开，以防随轴转动打伤人员。

脚踏开关应有防护罩或藏入床身的凹入部分，以免掉下的零部件落到开关上，启动机械设备而伤人。

（6）机械设备的作业现场要有良好的环境，即照度要适宜，湿度与温度要适中，噪声和振动要小，零件、工夹具等要摆放整齐。因为这样能促使操作者心情舒畅、专心无误地工作。

（7）每台机械设备应根据其性能、操作顺序等制定出安全操作规程和检查、润滑、维护等制度，以便操作者遵守。

四、机械设备操作人员要遵守的基本操作守则

要保证机械设备不发生工伤事故，不仅机械设备本身要符合安全要求，而且更重要的是要求操作者严格遵守安全操作规程。当然，机械设备的安全操作规程因其种类不同而内容各异，但其基本的安全守则如下：

（1）工作前要按规定正确穿戴好个人防护用品。要穿好紧身工作服，袖口束紧，长发要盘入工作帽内，操作旋转设备时不得戴手套。

（2）操作前要对机械设备进行安全检查，而且要空车运

转一下，确认正常后方可投入运行。

（3）机械设备在运行中也要按规定进行安全检查。特别是对紧固的物件要查看是否由于振动而松动，以便重新紧固。

（4）设备严禁带故障运行，千万不能凑合使用，以防出事故。

（5）机械安全装置必须按规定正确使用，绝不能将其拆掉不使用。

（6）机械设备使用的刀具、工夹具以及加工的零件等一定要装卡牢固，不得松动。

（7）机械设备在运转时，严禁用手调整；也不得用手测量零件，或进行润滑、清扫杂物等。如必须进行，则应首先关停机械设备。

（8）工作结束后，应关闭开关，把刀具和工件从工作位置退出，并清理好工作场地，将零件、工夹具等摆放整齐，打扫好机械设备的卫生。

第三节　火灾爆炸事故防治

一、常见的火灾爆炸事故

火灾爆炸事故由于行业的性质、引起事故的条件等因素不同，其类型也不相同。但常见的火灾爆炸事故，从直接原因来看，主要有以下几种：

（1）由吸烟引起的事故。

（2）在使用、运输、存储易燃易爆气体、液体、粉尘时引起的事故。

（3）使用明火引起的事故。

（4）静电引起的事故。

（5）由于电气设施使用、安装、管理不当而引起的事故。

（6）物质自燃引起的事故。这方面常见的事故有煤堆的自燃、废油布等堆积引起的自燃等。

（7）雷击引起的事故。

（8）压力容器、锅炉等设备及其附件，如果带故障运行或管理不善时，都可能会发生事故。

二、防火防爆的原理与基本技术措施

（一）防火防爆的原理

（1）防火原理。引发火灾也就是燃烧的条件，即可燃物、助燃物（氧化剂）和点火源三者同时存在，并且相互作用。因此只要采取措施避免或消除燃烧三要素中的任何一个要素，就可以避免发生火灾事故。

（2）防爆原理。引发爆炸的条件是爆炸品（内含还原剂和氧化剂）或可燃物（可燃气、蒸气或粉尘）与空气混合物和起爆能量同时存在、相互作用。因此只要采取措施避免爆炸品或爆炸混合物与起爆能量中的任何一方，就不会发生爆炸。

（二）防止产生燃烧的基本技术措施

（1）消除着火源。可燃物（作为能源和原材料）以及氧化剂（空气）广泛存在于生产和生活中，因此，消除着火源是防火措施中最基本的措施。消除着火源的措施很多，如安装防爆灯具、禁止烟火、接地避雷、静电防护、隔离和控温、电气设备的安装应由电工安装维护保养、避免插座负荷过大等。

（2）控制可燃物。消除燃烧三个基本条件中的任何一条，均能防止火灾的发生。如果采取消除燃烧条件中的两个条件，则更具安全可靠性。控制可燃物的措施主要有如下几方面：

①以难燃或不燃材料代替可燃材料，如用水泥代替木材建筑房屋；或降低可燃物质（可燃气体、蒸气和粉尘）在空气中的浓度，如在车间或库房采取全面通风或局部排风，使可燃物不易积聚，从而不会超过最高允许浓度。

②防止可燃物的跑、冒、滴、漏，对那些相互作用能产生可燃气体的物品，加以隔离、分开存放等。保持工作场地整洁，避免积聚杂物、垃圾。

③易燃物的存放量和地点必须符合法规和标准，并要远离火源。

（3）隔绝空气。在必要时可以将生产置于真空条件下进行，或在设备容器中充装惰性介质保护，如在检修焊补（动火）燃料容器前，用惰性介质置换；隔绝空气储存，如钠存于煤油中，磷存于水中，二硫化碳用水封存放等。

（4）防止形成新的燃烧条件。设置阻火装置，如在乙炔发生器上设置水封式回火防止器，一旦发生回火，可阻止火焰进入乙炔罐内，或阻止火焰在管道里的蔓延。在车间或仓库里筑防火墙或防火门，或在建筑物之间留防火间距，一旦发生火灾，不便形成新的燃烧条件，就可防止火灾范围扩大。

（三）防止爆炸的基本技术措施

（1）以爆炸危险性小的物质代替危险性大的物质。如果所用的材料都是难燃烧、不燃烧物质，或所用的材料都是不容易爆炸的，则爆炸危险性也会大大减少。

（2）加强通风排气。对于可能产生爆炸混合物的场所，良好的通风可以降低可燃气体（蒸气）或粉尘的浓度；对于易燃易爆固体储存或加工场所应配置良好的通风设施，使起爆能量不易积累；对于易燃易爆液体，良好的通风除降低其蒸气和空气混合物的浓度外，也可使起爆能量不易积累。

（3）隔离存放。对相互作用能发生燃烧或爆炸的物品应分开存放，相互之间有一定的安全距离，或采用特定的隔离材料将它们隔离开来。

（4）采用密闭措施。对易燃易爆物质进行密闭存放，可以防止这些物质与氧气的接触，并且还可以起到防止泄漏的作用。

（5）充装惰性介质保护。对闪点较低或一旦燃烧、爆炸会出现严重后果的物质，在生产或贮存时应采取充装惰性介质的措施来保护，惰性介质可以起到冲淡混合浓度、隔绝空气的作用。

（6）隔绝空气。对于接触到空气就会发生燃烧或爆炸的物质，则必须采取措施，使之隔绝空气，可以放进与其不会发生反应的物质中，如储存于水、油等物质之中。

（7）安装监测报警装置。在易燃易爆的场所安装相应的监测装置，一旦出现异常就立即通过报警器报警，将信息传递到监测人员的监控器上，以便操作人员及时采取防范措施。

第四节　粉尘爆炸事故防治

一、生产性粉尘的来源和分类

(一) 来源

生产性粉尘的来源十分广泛, 如固体物质的机械加工、粉碎; 金属的研磨、切削; 矿石的粉碎、筛分、配料或岩石的钻孔、爆破和破碎等; 耐火材料、玻璃、水泥和陶瓷等工业中原料加工; 皮毛纺织物等原料处理; 化学工业中固体原料加工处理, 物质加热时产生的蒸气、有机物质的不完全燃烧所产生的烟尘。此外, 还有粉末状物质在混合、过筛、包装和搬运等操作时产生的粉尘, 以及沉积的粉尘二次扬尘等。

(二) 分类

生产性粉尘分类方法有几种, 根据生产性粉尘的性质可将其分为三类: 无机性粉尘、有机性粉尘和混合性粉尘。

(1) 无机性粉尘。

无机性粉尘包括: 矿物性粉尘, 如硅石、石棉、煤等; 金属性粉尘, 如铁、锡、铝等及其化合物; 人工无机性粉尘, 如水泥、金刚砂等。

(2) 有机性粉尘。

有机性粉尘包括: 植物性粉尘, 如棉、麻、面粉、木材; 动物性粉尘, 如皮毛、丝、骨质粉尘; 人工合成有机粉尘, 如有机染料农药、合成树脂、炸药和人造纤维等。

（3）混合性粉尘。

混合性粉尘是上述各种粉尘的混合存在，一般包括两种以上的粉尘。生产环境中最常见的就是混合性粉尘。

二、生产性粉尘的理化性质

粉尘对人体的危害程度与其理化性质有关，与其生物化学作用及防尘措施等也有密切关系。在卫生学上，常用的粉尘理化性质包括粉尘的化学成分、分散度、溶解度、密度、形状、硬度、荷电性和爆炸性等。

（一）粉尘的化学性质

粉尘的化学成分、浓度和接触时间是直接决定粉尘对人体危害性质和严重程度的重要因素。根据粉尘化学性质的不同，粉尘对人体可有致纤维化、中毒、致敏等作用，如游离二氧化硅粉尘的致纤维化作用。对于同一种粉尘，它的浓度越高，与其接触的时间越长，对人体危害越重。

（二）分散度

粉尘的分散度是表示粉尘颗粒大小的一个概念，它与粉尘在空气中呈浮游状态存在的持续时间（稳定程度）有密切关系。在生产环境中，由于通风、热源、机器转动以及人员走动等原因，使空气经常流动，从而使尘粒沉降变慢，延长其在空气中的浮游时间，被人吸入的机会就越多。直径小于5um的粉尘对机体的危害性较大，也易于达到呼吸器官的深部。

（三）溶解度与密度

粉尘溶解度大小与对人危害程度的关系，因粉尘作用性质不同而异。主要呈化学毒副作用的粉尘，随溶解度的增加其危害作用增强；主要呈机械刺激作用的粉尘，随溶解度的增加其危害作用减弱。粉尘颗粒密度的大小与其在空气中的稳定程度有关。尘粒大小相同，密度大者沉降速度快、稳定程度低。在通风除尘设计中，要考虑密度这一因素。

（四）形状与硬度

粉尘颗粒的形状多种多样。质量相同的尘粒因形状不同，在沉降时所受阻力也不同，因此，粉尘的形状能影响其稳定程度。坚硬且外形尖锐的尘粒可能引起呼吸道黏膜机械损伤，如某些纤维状尘（如石棉纤维）。

（五）荷电性

高分散度的尘粒通常带有电荷，与作业环境的湿度和温度有关。尘粒带有相异电荷时，可促进凝集、加速沉降。粉尘的这一性质对选择除尘设备有重要意义。荷电的尘粒在呼吸道可被阻留。

（六）爆炸性

高分散度的煤炭、糖、面粉、硫黄、铝、锌等粉尘具有爆炸性。发生爆炸的条件是高温（火焰、火花、放电）和粉尘在空气中达到足够的浓度。可能发生爆炸的粉尘最小浓度为：各种煤尘为 $30 \sim 40 \text{g/m}^3$，淀粉、铝及硫黄为 7g/m^3，糖为 10.3g/m^3。

三、生产性粉尘治理的技术措施

采用工程技术措施消除和降低粉尘危害，是治本的对策，也是防止尘肺发生的根本措施。

（一）改革工艺流程

通过改革工艺流程使生产过程机械化、密闭化、自动化，从而消除和降低粉尘危害。

（二）湿式作业

湿式作业防尘的特点是防尘效果可靠、易于管理、投资较低。该方法已为厂矿广泛应用，如石粉厂的水磨石英和陶瓷厂、玻璃厂的原料水碾、湿法拌料、水力清砂、水爆洁砂等。

（三）密闭、抽风、除尘

对不能采取湿式作业的场所应采用该方法，干法生产粉碎拌料容易造成粉尘飞扬，可采取密闭抽风除尘的办法，但其基础是首先必须对生产过程，进行改革理顺生产流程，实现机械化生产。在手工生产流程紊乱的情况下，该方法是无法奏效的。密闭抽风除尘系统可分为密闭设备吸尘罩、通风管除尘器等几个部分。

（四）个体防护

当防尘降尘措施难以使粉尘浓度降至国家标准水平以下时应佩戴防尘护具。另外应加强对员工的教育培训现场的安全检查以及对防尘的综合管理等。

第五节　有限空间事故防治

一、常见有限空间

（1）密闭设备如：船舱、贮罐、车载槽罐、反应塔（釜）、冷藏箱、压力容器、管道、烟道、锅炉等。

（2）地下有限空间：如地下管道、地下室、地下仓库、地下工程、暗沟、隧道、涵洞、地坑、废井、地窖、污水池、井沼气池、化粪池、下水道等。

（3）地上有限空间：如储藏室、酒糟池、发酵池、垃圾站、温室、冷库、粮仓、料仓等氧含量降至10%以下可出现不同程度的意识障碍，甚至氧含量降至6%以下，可发生猝死。

二、有限空间作业的危险特性

（一）作业环境情况复杂

作业环境情况复杂主要体现在：

（1）有限空间狭小、通风不畅，不利于气体扩散。

①生产储存使用危险化学品或因生化反应蛋白质腐败呼吸作用等产生有毒有害气体积聚一段时间后会形成较高浓度的有毒有害气体。

②有些有毒有害气体是无味的，易使作业人员放松警惕，从而引发中毒窒息事故。

③有些毒气浓度高时对神经有麻痹作用（例如硫化氢），反而不能被嗅到。

（2）有限空间照明通信不畅给正常作业和应急救援带来困难。

此外一些受限作业空间周围暗流的渗透或突然涌入建筑物的坍塌或其他流动性固体（如泥沙）等的流动等作业使用的电器漏电、作业使用的机械都会给有限空间作业人员带来潜在的危险。

（二）危险性大、事故后果很严重

有限空间作业危险性大，易发生中毒窒息事故，而且中毒窒息往往发生在瞬间。有的有毒气体在中毒后数分钟甚至数秒钟就会致人死亡。

1. 中毒事故

（1）硫化氢（H_2S）中毒。硫化氢中毒是有限空间作业中常见的一种中毒事故。硫化氢是一种强烈的神经毒物，当它的浓度在 0.4mg/m^3 时，人能明显嗅到硫化氢的臭味；当其浓度在 70～150mg/m^3 时，吸入数分钟即发生嗅觉疲劳而闻不到臭味，浓度越高嗅觉疲劳越快，越容易使人丧失警惕；浓度超过 760mg/m^3 时，短时间内即可发生肺水肿、支气管炎、肺炎，可能造成生命危险；浓度超过 1000mg/m^3，可使人发生电击一样（像触电一样）的死亡。

（2）一氧化碳（CO）中毒。一氧化碳中毒也是有限空间常见的一种中毒事故。一氧化碳在血中易与血红蛋白结合（相对于氧气）而造成组织缺氧。轻度中毒者出现头痛、头晕、耳鸣、心悸、恶心、呕吐、无力，血液碳氧血红蛋白浓度可高于 10%；中度中毒者除上述症状外，还有皮肤黏膜呈樱红色、脉快、烦躁、步态不稳、浅至中度昏迷，血液碳氧血红蛋白浓度可高于 30%；重度患者深度昏迷、瞳孔缩小、肌张力增强、频繁抽搐、大小便失禁、休克、肺水肿、严重心肌损害等。

2. 窒息事故

引起人体组织处于缺氧状态的过程称为窒息。有限空间的特点决定了其内部的氧气浓度不同于其他作业场所。

（三）盲目施救造成伤亡过大

一家知名跨国化工公司曾做过统计，有限空间作业事故中死亡人员有 50% 是救援人员，因为施救不当造成伤亡扩大。造成伤亡扩大的原因有很多，常见的因素有：

（1）有限空间作业单位和作业人员安全意识差、安全知识不足；

（2）没有制定有限空间安全作业制度或制度不完善、不严格，执行安全措施和监护措施不到位、不落实；

（3）实施有限空间作业前未做危害辨识，未制订有针对性的应急处置预案，缺少必要的安全设施和应急救援器材、装备，或是虽然制订了应急救援预案但未进行培训和演练，作业和监护人员缺乏基本的应急常识和自救互救能力，导致事故状态下不能实施科学有效救援，使伤亡进一步扩大。

三、有限空间作业常见安全事故

（一）中毒、窒息事故

受限空间内产生或积聚的一定浓度的有毒气体被作业人员吸入后会引起人体中毒事故，常见的有毒气体有氯气、光气、硫化氢、氨气、氮氧化物、氟化氢、氰化氢、二氧化硫、煤气（主要有毒成分为一氧化碳）、甲醛气体等。

人体组织处于缺氧状态会引起窒息。有限空间可导致窒息的气体包括氮气、二氧化碳、甲烷、乙烷、水蒸气等。

（二）爆炸、火灾事故

有限空间发生爆炸、火灾，往往瞬间或很快耗尽受限空间的氧气，并产生大量的有毒有害气体，造成严重后果。

（三）淹溺事故

有限空间内有积水、积液，或因作业位置附近的暗流、其他液体渗透、突然涌入，导致作业空间内液体水平面升高，使正在受限空间内作业的人员淹溺。

（四）坍塌掩埋事故

有限空间作业位置附近建筑物的坍塌或其他流动性固体（如泥沙等）的流动，容易引起作业人员被掩埋。

四、有限空间作业安全的一般要求

针对有限空间作业的危险特性，为了减少事故的发生次数和预防事故伤亡的扩大，进行有限空间作业时应遵守下列要求：

（一）作业前

（1）对有限空间作业应做到"先检测后监护再进入"的原则。

在作业环境条件可能发生变化时，应对作业场所中危害因素进行持续或定时检测；作业人员工作面发生变化时，视为进入新的有限空间，应重新检测后再进入。

实施检测时，检测人员应处于安全环境，检测时要做好检测记录，包括检测时间、地点、气体种类和检测浓度等。

（2）在有限空间作业应确认无许可和许可性识别。

（3）先检测确认有限空间内的有害物质浓度，未经许可的人员不得进入有限空间。

（4）分析合格后编制施工方案，再办理"进入有限空间危险作业审批表"，施工作业中涉及其他危险作业时应办理相关审批手续。

（5）作业前30min，应再次对有限空间有害物质浓度采样分析，合格后方可进入有限空间作业。

（6）应选用合格有效的气体和测爆仪等检测设备。

（7）对由于防爆防氧化不能采用通风换气措施或受作业环境限制不易充分通风换气的场所，作业人员必须配备并使用空气呼吸器或软管面具等隔离式呼吸保护器具，严禁使用过滤式面具。

（8）检测人员应装备准确可靠的分析仪器，按照规定的检测程序，针对作业危害因素制定检测方案和检测应急措施。

（9）建立健全通信系统，保证作业人员能与监护人进行有效的安全、报警、撤离等双向信息交流。

（10）配备齐全的应急救援装备。如全面罩正压式空气呼吸器或长管面具等隔离式呼吸保护器具、应急通讯报警器材、安全绳、救生索和安全梯等。

（二）作业中

（1）所有有关人员均应遵守有限空间作业的职责和安全操作规程，正确使用有限空间作业安全设施与个人防护用品。

（2）加强通风。尽量利用所有人孔、手孔、料孔、风门、烟门进行自然通风，必要时应采取机械强制通风。机械通风可设置岗位局部排风，辅以全面排风。当操作岗位不固定时，则可采用移动式局部排风或全面排风。

（3）存在可燃性气体的作业场所，所有的电气设备设施及照明应符合规范中的有关规定。不允许使用明火照明和非防爆设备。

（4）机械设备的运动、活动部件都应采用封闭式屏蔽，各种传动装置应设置防护装置，且机械设备上的局部照明均应使用安全电压。

（5）有限空间的坑、井、洼、沟或入孔、通道出入门口应设置防护栏、盖和警告标志，夜间应设警示红灯。

（6）当作业人员在与输送管道连接的封闭、半封闭设备（如油罐、反应塔、储罐、锅炉等）内部作业时，应严密关闭阀门，装好盲板，设置"禁止启动"等警告信息。

（7）当工作面的作业人员意识到身体出现异常症状时，应及时向监护者报告或自行撤离有限空间，不得强行作业。

（8）一旦发生事故，应查明原因，立即采取有效、正确的措施进行急救，并应防止因施救不当造成事故扩大。

（三）作业后

（1）清理现场。

（2）事故报告。有限空间发生事故后，应按相关规定向所在区县政府、安全生产监督管理部门和相关行业监管部门报告。此外，在有限空间内作业时，还应该进行作业配合。作业配合是指确保作业活动中的危害不会影响到邻近的从事其他作业人员的安全与健康。

在实际安排作业活动时，应提前进行规划，以避免作业过程中的交叉作业所造成的危害。

在工作过程中，对工作区域进行警戒，如树立警戒栏、限制作业时间、确保人员及邻近作业人员之间的随时沟通，可以帮助预防一些常见的意外。

五、有限空间作业个人防护用品

在地下污水渠、化粪池、沼气池、废置井等密闭空间作业或进行应急救援的人员，除了要进行呼吸器官的防护，防范有毒、有害气体外，也应该穿戴覆盖全身的防护服；为防范淹溺，必须穿着救生衣；应佩戴必要的安全鞋、工作服、手套，以保护作业人员的躯体、手、足部的安全；下井罐作业前应佩戴安全带、安全绳。

六、有限空间作业安全事故伤员急救

（一）中毒急救

（1）呼吸道中毒时应迅速离开现场到新鲜空气流通的地方。

（2）经口服中毒者应立即洗胃并用催吐剂促其将毒物排出。

（3）经皮肤中毒者必须用大量清洁自来水洗涤。

（4）眼耳鼻咽喉黏膜损害引起各种刺激症状者须分别轻重先用清水冲洗然后由专科医生处理。

（二）缺氧窒息急救

（1）迅速撤离现场并将窒息者移到有新鲜空气的通风处。

（2）视情况对窒息者输氧或进行人工呼吸等，严重者速交医生处理（打120电话）。

（3）佩戴呼吸器者一旦感到呼吸不适时迅速撤离现场呼吸新鲜空气，同时检查呼吸器，发现问题及时更换合格呼吸器。

结束语

建筑工程施工安全管理是建筑企业经营管理的命脉所在，施工安全管理的目的是减少事故促进生产，同时也是一项比较复杂的系统工程。对于建筑工程而言，安全是第一位的，只有在安全的基础上，才能保证施工质量。为了能够保障施工质量和安全，需从以下几方面努力：

第一，设立一个健全的安全管理组织机构。一个设计合理、灵活适用的安全管理组织机构在建筑施工企业的安全管理中是非常重要的。为了使施工企业部门的安全管理体系有效运行和安全功能充分发挥作用，就应该建立一个负责组织、协调、检查的综合部监管工作，完善管理组织保障体系。首先，要设置一个专门的管理机构，使其管理效益最大化。其次，要加强先进技术的管理经验，精减人员，减少不必要的开支。最后，一个建筑施工企业中的安全管理组织机构一定要严格遵守《中华人民共和国安全法》中的各项规定，企业中的第一责任人就是安全作业第一责任人，在企业各项活动中这个责任人要做好企业安全管理工作中各种重大问题的研究与决策。

第二，应加强建筑工程施工技术管理。合理且科学的施工技术方案是保证建筑单位安全实施相关工作的重要因素，一旦设计出来的施工方案不能够满足技术要求，势必存在诸多风险。建筑工程单位应该在施工之前根据工程的具体情况，规划出一个具体的施工技术方案，对施工过程中可能存在的安全问题予以深入研究和讨论，分析事故出现的主要原因，规避风险。除此之外，对于高空作业需要更为重视，建筑施工单位对高空作业不能马虎，为了最大限度地避免施工安全事故的出现，建筑企业应委派专门的负责人对施工现场进行监督管理，让施工人员严格按照相关规范进行操作，防止出现安全事故。

第三，应做好施工组织设计工作，合理组织施工安全作业。施工组织设计是指导全局、统筹规划建筑工程施工活动的技术性文件，是建筑工程前期的主要内容之一，也是保证各项建设项目安全顺利施工的重要前提。施工单位在施工组织设计中应设计相应的安全技术措施，对基坑支护与降水工程、土方开挖掘拆除爆破工程、脚手架工程、模板工程及施工现场临时用电等具有一定危险的分部工程要编制专项施工方案，经施工单位技术负责人、总监理工程师审核认可后方能实施，并由专职安全人员在施工过程中监督安全施工方案的实施情况。施工现场要合理组织施工作业，安排好作业流水线，合理编制作业面工种、技术等级，避免危险交叉作业或者相互之间干扰，既要做到安全文明施工，又要尽可能地合理利用平面和空间。

参考文献

[1] 李学泉. 建筑工程施工组织 [M]. 北京：北京理工大学出版社，2017.

[2] 贺晓文，伊运恒. 建筑工程施工组织 [M]. 北京：北京理工大学出版社，2016.

[3] 陈明彩. 建筑工程施工组织 [M]. 武汉：华中科技大学出版社，2015.

[4] 申永康. 建筑工程施工组织 [M]. 重庆：重庆大学出版社，2013.

[5] 刘勤. 建筑工程施工组织与管理 [M]. 银川：阳光出版社，2018.

[6] 薛宝恒，熊学忠. 建筑工程施工组织与管理 [M]. 武汉：武汉大学出版社，2015.

[7] 李树芬. 建筑工程施工组织设计 [M]. 北京：机械工业出版社，2021.

[8] 可淑玲，宋文学. 建筑工程施工组织与管理 [M]. 广州：华南理工大学出版社，2018.

[9] 于金海. 建筑工程施工组织与管理 [M]. 北京：机械工业出版社，2017.

[10] 庄淼，韩应军，冯春菊. 建筑工程施工组织设计 [M]. 徐州：中国矿业大学出版社，2016.

[11] 王红梅，孙晶晶，张晓丽．建筑工程施工组织与管理 [M]. 成都：西南交通大学出版社，2016.

[12] 王建玉．建筑智能化工程施工组织与管理 [M]. 北京：机械工业出版社，2018.

[13] 吴琛，熊燕，王小广．建筑工程施工组织 [M]. 南京：南京大学出版社，2019.

[14] 李三民．建筑工程施工项目质量与安全管理 [M]. 北京：机械工业出版社，2003.

[15] 刘尊明，霍文婵，朱锋．建筑施工安全技术与管理 [M]. 北京：北京理工大学出版社，2019.

[16] 刘臣光．建筑施工安全技术与管理研究 [M]. 北京：新华出版社，2021.

[17] 闫浩然．建筑工程施工安全突发事件应急联动能力评价研究 [D]. 长春：长春工程学院，2021.

[18] 陈义禹．建筑工程施工阶段跟踪审计的风险研究 [D]. 贵阳：贵州大学，2021.

[19] 王勇．TYXC 建筑工程施工安全风险管理研究 [D]. 大连：大连理工大学，2021.

[20] 陈松．建筑工程施工图质量管理研究 [D]. 北京：北京交通大学，2021.

[21] 董宝程．建筑工程施工安全监管策略研究 [D]. 徐州：中国矿业大学，2021.

[22] 李从文．非正式控制影响下建筑工程施工质量控制研究 [D]. 南宁：广西大学，2020.

[23] 李可．建筑工程施工阶段扬尘量化模拟及健康危害评估研究 [D]. 南昌：华东交通大学，2020.

[24] 牛硕.基于智能化的建筑工程施工组织策划管理研究 [D].北京：北京交通大学，2020.

[25] 伍娜娜.基于 BIM 的建筑工程施工成本控制研究 [D].武汉：武汉轻工大学，2020.

[26] 王洪霞.建筑工程施工项目质量管理评价研究 [D].天津：河北工业大学，2019.

[27] 周炜.建筑工程施工塔吊安全风险分析与监控研究 [D].武汉：华中科技大学，2019.

[28] 刘继东.建筑工程施工安全管理研究 [D].北京：北京建筑大学，2019.

[29] 聂爽冰.基于 BIM 的建筑工程施工质量管理模式优化研究 [D].长沙：中南林业科技大学，2019.

[30] 张帆.EPC 模式下建筑工程施工质量控制研究 [D].锦州：辽宁工业大学，2019.

[31] 赵丽军.房屋建筑工程施工安全模块化管理研究 [D].杭州：浙江大学，2018.

[32] 胡鹏.建筑工程施工全过程监理质量控制分析 [J].中国住宅设施，2022（3）：127-129.

[33] 艾华.建筑工程施工现场安全管理探析 [J].工程建设与设计，2022（6）：204-206.

[34] 石波.加强建筑工程施工成本控制的有效措施探讨 [J].企业改革与管理，2022（6）：150-152.

[35] 王瑛.建筑工程施工阶段工程造价控制方法分析 [J].中国建筑装饰装修，2022（5）：144-146.

[36] 林春来.建筑工程施工安全监理的风险管理与防范措施 [J].江西建材，2022（2）：133-135.

[37] 范裕如 . 建筑工程施工安全技术分析 [J]. 四川水泥，2022（2）：162-164.

[38] 高楠 . 建筑工程施工成本控制与管理探析 [J]. 居业，2021（12）：237-238.

[39] 蒋水金 . 建筑工程施工过程中安全风险管理策略 [J]. 四川水泥，2021（12）：242-243.

[40] 黄茂蕊 . 建筑工程施工中的进度控制与质量控制分析 [J]. 住宅与房地产，2021（34）：135-137.

[41] 罗勇 . 建筑工程施工现场管理及控制研究 [J]. 住宅与房地产，2021（34）：161-163.

[42] 黄文需 . 建筑工程施工进度计划和控制方法研究 [J]. 中国住宅设施，2021（11）：159-160.

[43] 周思超 . 建筑工程施工现场安全管理中存在的问题及处理对策 [J]. 工程技术研究，2021，6（21）：207-208.

[44] 黄景筑 . 建筑工程施工成本管理与控制探究 [J]. 散装水泥，2021（5）：55-57.